国家电网有限公司特高压建设分公司
STATE GRID UHV ENGLNEERING CONSTRUCTION COMPANY

特高压工程重要专项施工方案编审要点

（2022年版）

变电工程分册

国家电网有限公司特高压建设分公司　组编

中国电力出版社
CHINA ELECTRIC POWER PRESS

内 容 提 要

为进一步落实国家电网有限公司"一体四翼"战略布局，促进"六精四化"三年行动计划落地实施，提升特高压工程建设管理水平，国家电网有限公司特高压建设分公司系统梳理、全面总结特高压工程建设管理经验，提炼形成《特高压工程建设标准化管理》等系列成果，涵盖建设管理、技术标准、施工工艺、典型工法、经验案例等内容。

本书为《特高压工程重要专项施工方案编审要点（2022年版） 变电工程分册》，共计四章，第一章为涉及二级及以上安全风险的施工方案审查要点，第二章为土建施工方案审查要点，第三章为设备安装方案审查要点，第四章为其他特殊施工方案审查要点。

本套书可供从事特高压工程建设的技术人员和管理人员学习使用。

图书在版编目（CIP）数据

特高压工程重要专项施工方案编审要点：2022年版．变电工程分册/国家电网有限公司特高压建设分公司组编．—北京：中国电力出版社，2023.7
ISBN 978-7-5198-7942-6

Ⅰ.①特… Ⅱ.①国… Ⅲ.①特高压输电－变电所－电力工程－工程施工 Ⅳ.①TM723

中国国家版本馆 CIP 数据核字（2023）第 118449 号

出版发行：中国电力出版社
地　　址：北京市东城区北京站西街 19 号（邮政编码 100005）
网　　址：http://www.cepp.sgcc.com.cn
责任编辑：王　南（010—63412876）
责任校对：黄　蓓　朱丽芳
装帧设计：郝晓燕
责任印制：石　雷

印　　刷：三河市万龙印装有限公司
版　　次：2023 年 7 月第一版
印　　次：2023 年 7 月北京第一次印刷
开　　本：880 毫米×1230 毫米　16 开本
印　　张：7.5
字　　数：164 千字
定　　价：60.00 元

《特高压工程重要专项施工方案编审要点（2022 年版）变电工程分册》

编委会

主　任	蔡敬东	种芝艺				
副主任	孙敬国	张永楠	毛继兵	刘　皓	程更生	张亚鹏
	邹军峰	安建强	张金德			
成　员	刘良军	谭启斌	董四清	刘志明	徐志军	刘洪涛
	张　昉	李　波	肖　健	白光亚	倪向萍	肖　峰
	王新元	张　诚	张　智	王　艳	王茂忠	陈　凯
	徐国庆	张　宁	孙中明	李　勇	姚　斌	李　斌

本书编写组

组　　　长	邹军峰					
副　组　长	白光亚	倪向萍				
主要编写人员	张　鹏	刘　波	吴　畏	侯　镭	马卫华	付宝良
	李国满	王志强	蔡刘露	吴昊亭	曹加良	王小松
	宋洪磊	刘　欣	郑田野	杨承刚	周本立	李　斌
	刘永强	彭　正	刘　钪	唐　川	王圣昌	张　刚
	董　阳	张　琨	王进虎	董　爽	张家麟	张　亮
	郑　歆					

序

　　从 2006 年 8 月我国首个特高压工程——1000kV 晋东南—南阳—荆门特高压交流试验示范工程开工建设，至 2022 年底，国家电网有限公司已累计建成特高压交直流工程 33 项，特高压骨干网架已初步建成，为促进我国能源资源大范围优化配置、推动新能源大规模高效开发利用发挥了重要作用。特高压工程实现从"中国创造"到"中国引领"，成为中国高端制造的"国家名片"。

　　高质量发展是全面建设社会主义现代化国家的首要任务。我国大力推进以稳定安全可靠的特高压输变电线路为载体的新能源供给消纳体系规划建设，赋予了特高压工程新的使命。作为新型电力系统建设、实现"碳达峰　碳中和"目标的排头兵，特高压发展迎来新的重大机遇。

　　面对新一轮特高压工程大规模建设，总结传承好特高压工程建设管理经验、推广应用项目标准化成果，对于提升工程建设管理水平、推动特高压工程高质量建设具有重要意义。

　　国家电网有限公司特高压建设分公司应三峡输变电工程而生，伴随特高压工程成长壮大，成立 26 年以来，建成全部三峡输变电工程，全程参与了国家电网所有特高压交直流工程建设，直接建设管理了以首条特高压交流试验示范工程、首条特高压直流示范工程、首条特高压同塔双回交流示范工程、首条世界电压等级最高的特高压直流输电工程为代表的多项特高压交直流工程，积累了丰富的工程建设管理经验，形成了丰硕的项目标准化管理成果。经系统梳理、全面总结，提炼形成《特高压工程建设标准化管理》等系列成果，涵盖建设管理、技术标准、工艺工法、经验案例等内容，为后续特高压工程建设提供管理借鉴和实践案例。

　　他山之石，可以攻玉。相信《特高压工程建设标准化管理》等系列成果的出版，对于加强特高压工程建设管理经验交流、促进"六精四化"落地实施，提升国家电网输变电工程建设整体管理水平将起到积极的促进作用。国家电网有限公司特高压建设分公司将在不断总结自身实践的基础上，博采众长、兼收并蓄业内先进成果，迭代更新、持续改进，以专业公司的能力与作为，在引领工程建设管理、推动特高压工程高质量建设方面发挥更大的作用。

2023 年 6 月

前言

　　为应对特高压交流工程规模化建设的新常态，以可靠的技术措施保障工程建设的安全和质量，特编制本书，以进一步规范特高压交直流工程重要专项施工方案的编制、审查及现场落实，提升工程建设管理水平。

　　国家电网公司特高压有限建设分公司在多年特高压交直流输变电工程建设管理经验的基础上，组织有经验的施工人员和业内专家，根据特高压交直流工程典型设计方案编制形成重要专项施工方案的推荐目录、审查要点和现场实施要点，内容涵盖了变电站、换流站安全风险高、技术难度大、质量控制难的主要施工方案，细致翔实，具有较强的针对性和指导性。

　　重要专项施工方案的编制、审查和落实是现场安全、质量管控的重点。建设管理单位在重要专项施工方案编制过程中，应落实责任、把握重点；审查过程中，应严肃报审要求，把握审查要点；实施过程中，应严抓交底培训，加强监督检查。

　　由于时间仓促，本书中难免出现错误和纰漏，恳请读者批评指正。

编者

2023 年 6 月

目录

第一章　涉及二级及以上安全风险的施工方案审查要点

第一节　事故油池施工方案

一、施工方案推荐目录

1　编制说明

1.1　适用范围

1.2　编制依据

2　概况

2.1　工作内容

2.2　施工主要技术参数

2.3　施工特点与难点

3　施工进度计划

4　施工准备

4.1　施工人员准备

4.1.1　人员组成

4.1.2　职责分工

4.2　施工技术准备

4.3　施工机械、工器具准备

4.4　主要材料准备

4.5　施工场地准备

5　施工工艺流程及操作要点

5.1　施工工艺流程图

5.2　测量放线

5.3　土方工程

5.4　混凝土垫层

二、 施工方案审查要点

1. "1.2 编制依据"

应按照国家法律法规、国标、行标、企标、国家电网基建相关管理规定及办法、本工程的建设管理制度文件、设计文件等顺序依次进行排列。核查相关标准及制度的有效期限。

2. "2 概况"

（1）"2.1 工作内容"应包括工程概况、施工期间的环境及气候条件、主要地质水文情况、场地及道路情况、地基或桩基设计情况、平面布置图、主要工程量和各施工区段的工程量等内容。主要工程量中应列出主要材料数量，如钢筋、混凝土、预埋件等，各施工区段工程量中应列出各段各层尺寸和单次浇筑最大混凝土量。

（2）"2.2 施工主要技术参数"应列明基础主要技术指标和设计技术要求。如地质条件及设计承载力要求；基础类型及结构形式、混凝土和钢筋强度等级、保护层厚度；地基或桩基处理要求；预埋件和套管加工平整度要求、中心位置偏差、相邻预埋件高度偏差、露出混凝土面高度；螺栓强度等级、防腐、精度要求，如采用化学螺栓，要求列出螺栓抗拔力、强度等参数；二次灌浆材料、倒圆角半径等。

（3）"2.3施工特点与难点"须突出本工程的重点、难点、创新点及与其他工程不同点。

3."3施工进度计划"

（1）施工进度计划应根据设备供货计划、基础交安计划进行编制，宜用横道图或专业软件绘制。注意各工序有效衔接，包括地基处理和基础施工交接、预埋件安装周期等时间节点。

（2）进度计划编制时应根据混凝土养护条件、工程所属地天气情况，考虑混凝土养护时间。

4."4.1施工人员准备"

（1）"4.1.1人员组成"应编写现场施工组织机构和施工作业人员配置表。根据各个作业面的特点，确定作业人员数量，明确工作负责人。施工作业人员配置表中应根据施工进度计划增加各工种进场计划。

（2）"4.1.2职责分工"中，应明确各岗位职责分工。

5."4.2施工技术准备"

应包括作业前的设计交底及施工图会检、施工方案编审及交底培训等内容。

6."4.3施工机械、工器具准备"

（1）应列表示意，并标注拟投入施工机械、工器具的数量与规格型号或主要的技术参数。

（2）混凝土选择供应能力与工程需求相匹配的商品混凝土公司。根据商品混凝土站与工地距离、混凝土浇筑数量、混凝土泵送车数量型号、混凝土搅拌运输车行驶速度，计算混凝土搅拌运输车数量需求。

（3）应重点审查挖掘机、装载机、混凝土泵送车、混凝土搅拌运输车等机械数量是否满足工期要求。水准仪、经纬仪、全站仪等仪器精度是否满足施工要求。

7."4.4主要材料准备"

（1）混凝土：应明确各部位混凝土强度等级、抗渗标号、坍落度、工程部位等信息，还应明确混凝土中水泥、骨料、掺和料、外加剂、拌合水等各项混凝土原材料的要求及指标。

（2）应注明钢筋、模板、钢管主要材料的规格型号等技术指标。

8."4.5施工场地准备"

应包括施工场地要求及施工平面布置图，施工平面布置图中应体现基础施工顺序、施工电源布置、消防设施布置、材料运输通道、混凝土泵送车作业位置等，其中材料运输通道宜循环布置。

9."5施工工艺流程及操作要点"

（1）目录下所推荐的作业工序仅为参考，若存在其他施工项目，可对推荐目录进行适应性修改。重要施工项目可单独编制专项施工方案。

（2）编写时应明确基础浇筑层数、预埋件、预埋螺栓、套管安装精度验收工艺流程。

10."5.2测量放线"

应在基础周围引设控制桩，明确引测的基准控制点和引测方案。控制桩地基需牢固并设保护措施，定期复测。

11. "5.3 土方工程"

（1）若基础下为天然地基，根据设计图纸，明确基础地基承载力要求。

（2）应明确土方开挖方案，分段开挖或连续开挖。判断土方开挖施工是否属于危大作业，若是危大作业，土方开挖应单独编制专项施工方案。若采用桩基进行地基处理时，在开挖桩间土时，应明确防止桩体损坏的措施。

（3）查看设计地勘报告，明确基础开挖位置下土层情况，确定基坑开挖支护形式，确定开挖作业面、放坡系数，并附剖面示意图。

（4）基坑底部应采取设置排水沟、集水井等排水措施。

（5）根据设计图纸或规范要求明确土方回填压实系数、分层回填厚度。

（6）冬季施工时应明确基础回填的材料及含水率，避免冻土回填。

12. "5.4 混凝土垫层"

（1）若基础的地基处理采用桩处理，在混凝土垫层浇筑前进行破桩，应明确桩与基础的锚固构造。

（2）若地基承载力不符合要求，采用毛石混凝土换填时，应注明毛石运输、投放方式，毛石与混凝土的投放比例。

13. "5.5 操作平台搭设"

根据工程实际情况选择合适的操作平台方式，操作平台应符合安全规范要求，附简图明确操作平台材料规格、栏杆高度、操作平台宽度等参数。

14. "5.6 钢筋工程"

（1）钢筋进场：应按规定抽取试件作力学性能和重量偏差检验。检查产品合格证、出厂检验报告和进场复验报告。

（2）钢筋加工：应注意表面质量、弯钩、冷拉率、锚固长度等质量标准的控制。

（3）钢筋安装：应标明钢筋保护层厚度、马凳筋形式及间距、钢筋间距、连接方式等。钢筋接头质量符合《变电（换流）站土建工程施工质量验收规范》（Q/GDW 10183—2021）的规定，若主筋采用直螺纹连接工艺时，应明确直螺纹连接工艺要求。

（4）基础薄弱部位应设附加钢筋，如基础阴角处、埋管周围等。基础分层浇筑时，上下层之间若需插筋构造，应注明插筋型号、间距、长度。

15. "5.7 模板工程"

（1）模板及支撑系统应具有足够的承载能力、刚度和稳定性，应注明模板支撑系统参数：模板材质、厚度要求，背楞的规格尺寸，支撑系统的间距，对拉螺栓规格、间距等。模板支撑系统应附计算书、示意简图、主要节点设计图、节点技术要求。

（2）应详细描述水池基础施工缝留设位置、止水带安装方式，并附简图示意。

（3）应描述模板拆除时间、拆除依据，拆除过程中注意事项等要求。

16. "5.8 预埋件、螺栓、套管安装"

（1）预埋件的加工质量应符合《变电（换流）站土建工程施工质量验收规范》（Q/GDW 10183—2021）中"表 84 预埋件制作质量标准和检验方法"的规定。

（2）应明确图纸设计及验收规范中的平整度、标高、轴线的精度要求，预埋件安装应注明安装、调节、固定的方法和精度控制措施。

（3）预埋件标高应高于基础面，一般为 2～5mm，以设计图纸为准。

（4）应明确预埋件安装及加固方式，使用托架、吊梁等支撑构件时应附简图示意。

（5）应明确防止预埋件焊接高温导致周边混凝土开裂的措施，建议在预埋件四周留置凹槽或粘贴橡胶带。

（6）对于短边长度不小于 300mm 的预埋件，中间应合理设置排气孔、振捣孔，防止混凝土浇筑后预埋件下部产生空鼓现象。

（7）预埋套管安装应注明安装、调节、固定的方法和精度控制措施，混凝土浇筑过程中防污染措施。

（8）若基础较长、预埋件（螺栓）较多或扩建工程基础施工时，应注意预埋件（螺栓）安装位置与先前施工完成的基础或一期完成的基础预埋件（螺栓）位置进行对比复测。

17. "5.9 混凝土工程"

（1）明确混凝土浇筑前的准备工作、验收条件。写明混凝土抗渗等级、取样要求，同条件试块留置数量，混凝土浇筑顺序、振捣方式、养护方法、养护时间、拆模条件等。

（2）水池侧壁混凝土浇筑采用分层施工方法时，应明确上下层施工缝处理措施。

（3）应明确混凝土的振捣要求，如振捣时间、振捣深度、振捣棒移动间距、振动平板移动速度、倒角线条振捣工艺等。振捣时，预埋接地件周围应有保护措施。

（4）混凝土养护方法、保温材料厚度根据现场环境情况及计算成果而确定。

（5）应明确混凝土表面裂缝控制措施，如混凝土中掺抗裂纤维、基础表面增加抗裂网、表面阴阳角布置抗裂筋等。若基础表面增加抗裂网，应明确抗裂网的材料、规格尺寸，布置抗裂网时注意与混凝土浇筑的先后顺序。若要求混凝土中掺抗裂纤维，应注明抗裂纤维规格、用量。

（6）冬期施工施工时，应明确各项原材料、外加剂、配合比等要求；混凝土搅拌机、运输车、泵送车的保温措施；保温养护的方式、材料，并附简图示意。

（7）将提高水池的不透水性措施描述详细，明确使用材料、等级、施工方法和施工工艺。

18. "5.10 基坑监测"

根据设计图纸要求，将基坑监测目的、监测项目、监测要求等描述清楚，基坑监测位置能在平面布置图上体现出来，监测数据记录齐全。

19. "6.1 质量控制措施"

根据工程实际情况，应增加季节性施工质量控制措施，如冬期施工、高温施工、雨天施工等。

对基坑开挖及监测要有针对性控制措施。

20．"6.2 质量强制性条文执行"

按照住房和城乡建设部2021年发布的《强制性工程建设通用规范》编制强制性条文清单，在施工过程中逐条落实。

21．"6.3 质量通病防治措施"

根据《国家电网公司输变电工程质量通病防治工作要求及技术措施》要求编写。

22．"6.4 标准工艺应用"

按照《国家电网有限公司输变电工程标准工艺》（2021版）编制标准工艺应用清单。

23．"7 安全控制"

（1）安全控制措施应包括施工用电、机械作业、基坑作业、交叉作业、模板支撑体系、特殊天气作业等安全措施。

（2）应根据施工流程、施工用电、周边环境等因素列出施工安全风险动态识别、评估及预控措施清单，核实每项施工作业风险等级。

（3）根据施工流程和作业内容，编制安全强制性条文清单，应编写施工过程中强制性条文执行记录等内容。

（4）应详细编制成品保护措施，包括基础成品、设备等。

24．"8 环境保护"

应按照国家环境保护的有关规定编写，制定有针对性的环境保护措施，包括防尘措施、泥浆排放、污水处理、水土保持、建筑垃圾处理、夜间施工防噪声措施等，应满足工程创优、绿色施工要求。

25．"9 应急预案"

（1）应急预案应有应急小组及应急救援各方组织的详细职责。

（2）应有从危险源分析、资源分析、法规要求等方面的应急策划和应急准备相关内容。

（3）应编写应急保障措施相关内容，包括通信与信息保障、人员保障、物资装备保障、经费保障等方面。

（4）应明确停水、停电、机械故障、恶劣天气、边坡塌方等应急情况下的应急处置措施。

26．"10 附件"

主要包括施工平面布置图、土方开挖图、边坡计算书和施工安全风险识别、评估及预控措施。

三、现场实施与监督检查要点

（一）主要检查依据

注意更新规范，如《混凝土结构工程施工质量验收规范》（GB 50204—2020）、《建筑边坡工程技术规范》（GB 50330—2013）、《混凝土外加剂应用技术规范》（GB 50119—2013）、《建筑工程施工质量验收统一标准》（GB 50300—2013）、《变电（换流）站土建工程施工质量验收》（Q/GDW 10183—2021）、《地下工程防水技术规范》（GB 50108—2008）、《地下建筑防水构造》（10J301）等。

（二）现场监督检查要点

1. "4 施工准备"

（1）设计交底和施工图会检已进行。

（2）施工方案完成编审批流程，经审查通过，并组织全体施工人员进行交底，施工作业票已填写。

（3）人员、机具、工器具和各项材料按施工方案配置齐全，特种设备须经主管部门检验合格，大型（起重）机械已经过保养且经过现场测试。特种作业人员应持证上岗。

（4）各项原材料均已报审，并附相应的合格证、试验报告、复试报告等。地脚螺栓若为高强螺栓或有复验要求时，进场时应进行抽样送检。

（5）施工场地符合要求，文明施工到位，安全措施已布置，满足规程、规范要求。

（6）地基处理完成，地基承载力满足设计要求。采用桩基础作地基处理时，需有相应桩基检测报告并报审，土方开挖后对桩位进行复测。

（7）施工临时用电可靠，容量满足现场要求，电缆保护措施到位。施工用水布置合理、使用方便。

（8）现场人员分工明确。

2. "5.2 测量放线"

（1）根据设计交桩记录，将站外控制桩引至站内，站内控制桩应布置合理、使用方便、保护措施到位，桩深度应超过冰冻土层，不应少于 4 个，定期进行复测。

（2）现场采用全站仪从站内控制桩引测各基础的控制桩，检查坐标是否符合设计图纸、偏差是否满足要求。仪器使用前应检查出厂合格证、计量鉴定证书，判断是否符合施工要求。

（3）螺栓、套管、预埋件在混凝土浇筑前、浇筑中、初凝前进行复测，确保精度满足设计及规范要求。

3. "5.3 土方工程"

（1）基坑开挖时观测土质情况是否与地质报告相符，对边坡、坡脚位置、标高、长度、宽度、表面平整度进行检查，地基验槽承载力检测如图 1-1 所示，放坡系数是否符合施工方案要求。

（2）若基础地基处理采用桩基，检查桩头处理及桩与基础的连接工艺是否满足设计及相关规范要求。

（3）基坑回填时检查回填土料、分层厚度及含水量是否符合设计、规范要求，通过取样抽检检查回填压实系数，回填压实取样如图 1-2 所示，是否满足设计要求。

（4）排水措施是否与施工方案相符，是否满足现场实际情况。

图 1-1　地基验槽承载力检测　　　　　　　　　　图 1-2　回填压实取样

4. "5.6 钢筋工程"

（1）当钢筋进场时，应按规范规定抽取试件作力学性能和重量偏差检验，检查产品合格证、出厂检验报告和进场复验报告。当发现钢筋脆断、焊接性能不良或力学性能显著不正常等现象时，对该批钢筋进行化学成分检验或其他专项检验，或更换该批钢筋。

（2）钢筋工程现场验收时，查验钢筋型号、表面质量、加工尺寸、间距、连接方式、接头质量、接头位置、保护层厚度等是否符合设计图纸、质量验收规范要求，钢筋工程验收如图 1-3 所示。

图 1-3　钢筋工程验收

（3）钢筋连接若采用机械连接，应检查连接方式是否满足相关规范要求，如套筒外径及套筒长度，并着重检查机械连接试验报告是否齐全、是否有型式检验报告。

（4）检查操作平台是否布置合理，混凝土浇筑施工时检查是否因人工踩踏造成钢筋明显位移。

5. "5.7 模板工程"

（1）现场应检查模板及支撑体系是否符合方案、计算书等要求。对模板材质、轴线位置、标高偏差、截面尺寸、垂直度、侧向弯曲、相邻两板表面高低差、表面平整度、预留孔洞位置、预埋螺栓位置进行检查，模板工程验收如图 1-4 所示。

（2）模板的接缝不应漏浆，模板与混凝土的接触面应清理干净并涂刷隔离剂，模板内的杂物应清理干净。

（3）为满足清水混凝土效果，基础外露部分不得设置对拉螺栓。

图 1-4　模板工程验收

6. "5.8 预埋件、螺栓、套管安装"

（1）预埋件进场后，按照《变电（换流）站土建工程施工质量验收规范》（Q/GDW 10183—2021）中"表 84 预埋件制作质量标准和检验方法"的规定进行检查。

（2）预埋件与锚筋焊接工作宜在加工厂进行，防止现场焊接高温导致预埋件变形。

（3）对大型预埋件排气孔、振捣孔留置情况进行检查，防止成品基础预埋件出现空鼓现象。安装时对其平整度、标高、位置及加固支撑体系必须进行检查。混凝土浇筑初凝前还应进行预埋件复测，发现变化及时进行调整。

（4）检查预埋件是否镀锌、镀锌层是否破损，预埋件四周混凝土防裂措施是否到位。

（5）检查预埋套管的规格尺寸，安装平整度、标高、位置及加固支撑体系进行检查，预埋套管安装验收如图 1-5 所示，合模之前做好混凝土防污染保护。

7. "5.9　混凝土工程"

（1）检查水泥产品合格证、出厂检验报告和进场复验报告，是否符合设计要求、《通用硅酸盐水泥》（GB 175—2007）、《清水混凝土应用技术规程》（JGJ 169—2009）。使用中，当对水泥质量有怀疑或水泥出厂超过三个月（快硬硅酸盐水泥超过一个月）时，应进行复验，并按复验结果使用。钢筋混凝土结构中，严禁使用含氯化物的水泥。

图 1-5　预埋套管安装验收

（2）检查配合比设计资料是否符合《普通混凝土配合比设计规程》（JGJ 55—2011）的有关规定，如混凝土强度等级、耐久性和工作性等要求。

（3）首次使用的配合比应进行开盘鉴定，检查开盘鉴定资料和试件强度试验报告，其工作性能应满足设计配合比的要求。开始生产时应另留置一组标准养护试件，作为验证配合比的依据。

（4）检查骨料含水率测试结果和施工配合比通知单，判断施工配合比是否正确。

（5）混凝土拌合水宜采用饮用水；当采用其他水源时，水质应符合《混凝土用水标准（附条文说明）》（JGJ 63—2006）的规定。

（6）检查粗细骨料进场复验报告，如级配、含泥量、碱含量、氯化物等质量是否符合《普通混凝土用砂、石质量及检验方法标准（附条文说明）》（JGJ 52—2006）、《用于水泥和混凝土中的粉煤灰》（GB/T 1596—2017）等标准要求。

（7）混凝土浇筑时按要求进行混凝土试件取样留置，普通混凝土留置要求：每拌制 100 盘且不超过 100m³ 的同配合比的混凝土，取样不得少于 1 次；每工作班拌制的同一配合比的混凝土不足 100 盘时，取样不得少于 1 次；当一次连续浇筑超过 1000m³ 时，同一配合比的混凝土每 200m³ 取样不得少于 1 次；每次取样应至少留置 1 组标准养护试件，同条件养护试件的留置组数应符合《混凝土结构工程施工质量验收规范》（GB 50204—2015）规定和现场要求，混凝土试块取样如图 1-6 所示。

图 1-6 混凝土试块取样

（8）混凝土运输、浇筑及间歇的全部时间不应超过混凝土的初凝时间，同一施工主段的混凝土应连续浇筑，并应在底层混凝土初凝之前将上一层混凝土浇筑完毕。当底层混凝土初凝后浇筑上一层混凝土时，应按施工技术方案中对施工缝的要求进行处理。通过坍落度筒检测，坍落度筒检测如图 1-7 所示，坍落度应符合施工方案要求。

（9）检查施工缝留置及处理、后浇带留置位置是否按设计要求和施工技术方案确定。

（10）检查混凝土养护措施是否与施工方案相符，天气情况是否与施工方案预估相符。混凝土养应在浇筑完毕后的 12h 以内对混凝土加以覆盖并保湿养护，混凝土覆盖养护如图 1-8 所示。混凝土浇水养护的时间：对采用硅酸盐水泥、普通硅酸盐水泥或矿渣硅酸盐水泥拌制的混凝土，不得少于 7 天；对掺用缓凝型外加剂或有抗渗要求的混凝土，不得少于 14 天。采用塑料薄膜覆盖养护的混凝土，其敞露的全部表面应覆盖严密，并应保持塑料布内有凝结水。混凝土强度达到 1.2N/m² 前，不得在其上踩踏或安装模板及支架。

图 1-7 坍落度筒检测

图 1-8 混凝土覆盖养护

（11）混凝土结构拆模后，检查混凝土结构外观及尺寸偏差，对外观质量、轴线位移、垂直度、标高偏差、截面尺寸、表面平整度、预留孔位置、预埋件位置、裂缝情况等项目进行检查。

　　注：每一道施工工序按照《变电（换流）站土建工程施工质量验收规范》（Q/GDW 10183—2021）的质量标准、检验方法进行控制、验收。

第二节　综合水泵房水池施工方案

一、施工方案推荐目录

5.9 混凝土工程

6 质量控制

6.1 质量控制措施

6.2 质量强制性条文执行

6.3 质量通病防治措施

6.4 标准工艺应用

7 安全控制

7.1 安全控制措施

7.2 施工安全风险动态识别、评估及预控措施

7.3 安全强制性条文

7.4 文明施工及成品保护

8 环境保护

9 应急预案

10 附件

二、 施工方案审查要点

1. "1.2 编制依据"

应按照国家法律法规、国标、行标、企标、国家电网基建相关管理规定及办法、本工程的建设管理制度文件、设计文件等顺序依次进行排列。核查相关标准及制度的有效期限。

2. "2 概况"

(1) "2.1 工作内容" 应包括工程概况、施工期间的环境及气候条件、主要地质水文情况、场地及道路情况、地基或桩基设计情况、平面布置图、主要工程量和各施工区段的工程量等内容。主要工程量中应列出主要材料数量，如钢筋、混凝土、预埋件等，各施工区段工程量中应列出各段各层尺寸和单次浇筑最大混凝土量。

(2) "2.2 施工主要技术参数" 应列明基础主要技术指标和设计技术要求。如地质条件及设计承载力要求；基础类型及结构形式、混凝土和钢筋强度等级、保护层厚度；地基或桩基处理要求；预埋件和套管加工平整度要求、中心位置偏差、相邻预埋件高度偏差、露出混凝土面高度；螺栓强度等级、防腐、精度要求，如采用化学螺栓，要求列出螺栓抗拔力、强度等参数；二次灌浆材料、倒圆角半径等。

(3) "2.3 施工特点与难点" 须突出本工程的重点、难点、创新点及与其他工程不同点。

3. "3 施工进度计划"

(1) 施工进度计划应根据设备供货计划、基础交安计划进行编制，宜用横道图或专业软件绘制。注意各工序有效衔接，包括地基处理和基础施工交接、预埋件安装周期等时间节点。

(2) 进度计划编制时应根据混凝土养护条件、工程所属地天气情况，考虑混凝土养护时间。

4. "4.1 施工人员准备"

(1) "4.1.1 人员组成"应编写现场施工组织机构和施工作业人员配置表。根据各个作业面的特点，确定作业人员数量，明确工作负责人。施工作业人员配置表中应根据施工进度计划增加各工种进场计划。

(2) "4.1.2 职责分工"中，应明确各岗位职责分工。

5. "4.2 施工技术准备"

应包括作业前的设计交底及施工图会检、施工方案编审及交底培训等内容。

6. "4.3 施工机械、工器具准备"

(1) 应列表示意，并标注拟投入施工机械、工器具的数量与规格型号或主要的技术参数。

(2) 混凝土选择供应能力与工程需求相匹配的商品混凝土公司。根据商品混凝土站与工地距离、混凝土浇筑数量、混凝土泵送车数量型号、混凝土搅拌运输车行驶速度，计算混凝土搅拌运输车数量需求。

(3) 应重点审查挖掘机、装载机、混凝土泵送车、混凝土搅拌运输车等机械数量是否满足工期要求。水准仪、经纬仪、全站仪等仪器精度是否满足施工要求。

7. "4.4 主要材料准备"

(1) 混凝土：应明确各部位混凝土强度等级、抗渗标号、坍落度、工程部位等信息，还应明确混凝土中水泥、骨料、掺和料、外加剂、拌合水等各项混凝土原材料的要求及指标。

(2) 应注明钢筋、模板、钢管主要材料的规格型号等技术指标。

8. "4.5 施工场地准备"

应包括施工场地要求及施工平面布置图，施工平面布置图中应体现基础施工顺序、施工电源布置、消防设施布置、材料运输通道、混凝土泵送车作业位置等，其中材料运输通道宜循环布置。

9. "5 施工工艺流程及操作要点"

(1) 目录下所推荐的作业工序仅为参考，若存在其他施工项目，可对推荐目录进行适应性修改。重要施工项目可单独编制专项施工方案。

(2) 编写时应明确基础浇筑层数、预埋件、预埋螺栓、套管安装精度验收工艺流程。

10. "5.2 测量放线"

应在基础周围引设控制桩，明确引测的基准控制点和引测方案。控制桩地基需牢固并设保护措施，定期复测。

11. "5.3 土方工程"

(1) 若基础下为天然地基，根据设计图纸，明确基础地基承载力要求。

(2) 应明确土方开挖方案，分段开挖或连续开挖。判断土方开挖施工是否属于危大作业，若是危大作业，土方开挖应单独编制专项施工方案。如是采用桩基进行地基处理时，应明确在开挖桩间土时防止桩体损坏的措施。

(3) 查看设计地勘报告，明确基础开挖位置下土层情况，确定基坑开挖支护形式、确定开挖作业面、放坡系数，并附剖面示意图。

（4）基坑底部应采取设置排水沟、集水井等排水措施。

（5）根据设计图纸或规范要求明确土方回填压实系数、分层回填厚度。

（6）冬季施工时应明确基础回填的材料及含水率，避免冻土回填。

12．"5.4 混凝土垫层"

（1）若基础的地基处理采用桩处理，在混凝土垫层浇筑前进行破桩，应明确桩与基础的锚固构造。

（2）若地基承载力不符合要求，采用毛石混凝土换填时，应注明毛石运输、投放方式，毛石与混凝土的投放比例。

13．"5.5 操作平台搭设"

根据工程实际情况选择合适的操作平台方式，操作平台应符合安全规范要求，附简图明确操作平台材料规格、栏杆高度、操作平台宽度等参数。

14．"5.6 钢筋工程"

（1）钢筋进场：应按规定抽取试件作力学性能和重量偏差检验。检查产品合格证、出厂检验报告和进场复验报告。

（2）钢筋加工：应注意表面质量、弯钩、冷拉率、锚固长度等质量标准的控制。

（3）钢筋安装：应标明钢筋保护层厚度、马凳筋形式及间距、钢筋间距、连接方式等。钢筋接头质量符合《变电（换流）站土建工程施工质量验收规范》（Q/GDW 10183—2021）的规定，若主筋采用直螺纹连接工艺时，应明确直螺纹连接工艺要求。

（4）基础薄弱部位应设附加钢筋，如基础阴角处、埋管周围等。基础分层浇筑时，上下层之间若需插筋构造，应注明插筋型号、间距、长度。

15．"5.7 模板工程"

（1）根据设计图纸，判定综合水泵房水池模板支撑系统作业属于危大作业还是超危大作业，危大作业模板支撑系统施工应编制专项施工方案并审核通过；超危大模板支撑系统施工应编制专项施工方案并组织专家论证后审核通过。

（2）模板及支撑系统应具有足够的承载能力、刚度和稳定性，应注明模板支撑系统参数：模板材质、厚度要求，背楞的规格尺寸，支撑系统的间距，对拉螺栓规格、间距等。模板支撑系统应附计算书、示意简图、主要节点设计图、节点技术要求。

（3）应详细描述水池基础施工缝留设位置、止水带安装方式，并附简图示意。

（4）应描述模板拆除时间、拆除依据，拆除过程中注意事项等要求。

16．"5.8 预埋件、螺栓、套管、止水钢板安装"

（1）预埋件的加工质量应符合《变电（换流）站土建工程施工质量验收规范》（Q/GDW 10183—2021）中"表84 预埋件制作质量标准和检验方法"的规定。

（2）应明确图纸设计及验收规范中的平整度、标高、轴线的精度要求，预埋件安装应注明安装、调节、固定的方法和精度控制措施。

（3）预埋件标高应高于基础面，一般为2～5mm，以设计图纸为准。

（4）应明确预埋件安装及加固方式，使用托架、吊梁等支撑构件时应附简图示意。

（5）应明确防止预埋件焊接高温导致周边混凝土开裂的措施，建议在预埋件四周留置凹槽或粘贴橡胶带。

（6）短边长度不小于300mm的预埋件中间应合理设置排气孔、振捣孔，防止混凝土浇筑后预埋件下部产生空鼓现象。

（7）预埋套管安装应注明安装、调节、固定的方法和精度控制措施，混凝土浇筑过程中防污染措施。

（8）若基础较长、预埋件（螺栓）较多或扩建工程基础施工时，应注意预埋件（螺栓）安装位置与先前施工完成的基础或一期完成的基础预埋件（螺栓）位置进行对比复测。

（9）应明确止水钢板安装要求、安装位置、固定的方法，附安装示意图，应说明混凝土浇筑过程中标高位置，施工缝处理方式等。

17. "5.9 混凝土工程"

（1）明确混凝土浇筑前的准备工作、验收条件。写明混凝土抗渗等级、取样要求，同条件试块留置数量，混凝土浇筑顺序、振捣方式、养护方法、养护时间、拆模条件等。

（2）水池侧壁混凝土浇筑采用分层施工方法时，应明确上下层施工缝处理措施。

（3）应明确混凝土的振捣要求，如振捣时间、振捣深度、振捣棒移动间距、振动平板移动速度、倒角线条振捣工艺等。振捣时预埋接地件周围应有保护措施。

（4）应明确混凝土分隔缝尺寸、留置时间、留置位置、填缝材料，其中留置位置应在分隔缝布置图中体现；分隔缝布置时考虑基础表面尺寸突变、混凝土应力集中、电缆沟位置等因素，布置合理、美观，利于裂缝控制。

（5）混凝土养护方法、保温材料厚度根据现场环境情况及计算成果而确定。

（6）应明确混凝土表面裂缝控制措施，如混凝土中掺抗裂纤维、基础表面增加抗裂网、表面阴阳角布置抗裂筋等。若基础表面增加抗裂网，应明确抗裂网的材料、规格尺寸，布置抗裂网时注意与混凝土浇筑的先后顺序。若要求混凝土中掺抗裂纤维，应注明抗裂纤维规格、用量。

（7）冬期施工施工时，应明确各项原材料、外加剂、配合比等要求；混凝土搅拌机、运输车、泵送车的保温措施；保温养护的方式、材料，并附简图示意。

（8）将水池的防水措施描述详细，明确使用材料、等级、施工方法和施工工艺，应说明材料进场复检要求和质量标准要求。

（9）应说明水池充水试验要求，观察和测定渗漏情况，计算渗漏率，确定水池蓄水实验是否满足要求；若不满足应说明处理措施。

18. "6.1 质量控制措施"

根据工程实际情况，应增加季节性施工质量控制措施，如冬期施工、高温施工、雨天施工等。

对模板支撑体系搭设、拆除的控制措施。

19．"6.2 质量强制性条文"

按照住房和城乡建设部2021年发布的《强制性工程建设通用规范》编制强制性条文清单，在施工过程中逐条落实。

20．"6.3 质量通病防治措施"

根据《国家电网公司输变电工程质量通病防治工作要求及技术措施》要求编写。

21．"6.4 标准工艺应用"

按照《国家电网有限公司输变电工程标准工艺》（2021版）编制标准工艺应用清单。

22．"7 安全控制"

（1）安全控制措施应包括施工用电、机械作业、基坑作业、交叉作业、模板支撑体系、特殊天气作业等安全措施。

（2）应编制模板搭拆体系安全控制专项措施，明确模板支撑体系验收要求和标准。

（3）应根据施工流程、施工用电、周边环境等因素列出施工安全风险动态识别、评估及预控措施清单，核实每项施工作业风险等级。

（4）根据施工流程和作业内容，编制安全强制性条文清单，应编写施工过程中强制性条文执行记录等内容。

（5）应详细编制成品保护措施，包括基础成品、设备等。

23．"8 环境保护"

编写按照国家环境保护的有关规定，制定有针对性的环境保护措施，包括防尘措施、泥浆排放、污水处理、水土保持、建筑垃圾处理、夜间施工防噪声措施等，应满足工程创优、绿色施工要求。

24．"9 应急预案"

（1）应急预案应有应急小组及应急救援各方组织的详细职责。

（2）应有从危险源分析、资源分析、法规要求等方面的应急策划和应急准备相关内容。

（3）应编写应急保障措施相关内容，包括通信与信息保障、人员保障、物资装备保障、经费保障等方面。

（4）应明确停水、停电、机械故障、恶劣天气、边坡塌方等应急情况下的应急处置措施。

25．"10 附件"

主要包括施工平面布置图、土方开挖图、模板支撑计算书、模板支撑体系布置图和施工安全风险识别、评估及预控措施。

三、 现场实施与监督检查要点

（一）主要检查依据

注意更新的规范，如《混凝土结构工程施工质量验收规范》（GB 50204—2020）、《建筑边坡工程技术规范》（GB 50330—2013）、《混凝土外加剂应用技术规范》（GB 50119—2013）、《建筑工程施工质量验收统一标准》（GB 50300—2013）、《变电（换流）站土建工程施工质量验收》（Q/GDW 10183—2021）、《建筑施工扣件式钢管脚手架安全技术规范》（JGJ130—2011）、《建筑施工模板安全技术规范》（JGJ 162—2008）、《地下工程防水技术规范》（GB 50108—2008）、《地下建筑防水构造》（10J301）等。

（二）现场监督检查要点

1. "4. 施工准备"

（1）设计交底和施工图会检已进行。

（2）施工方案完成编审批流程，经审查通过，并组织全体施工人员进行交底，施工作业票已填写。

（3）人员、机具、工器具和各项材料按施工方案配置齐全，特种设备须经主管部门检验合格，大型（起重）机械已经过保养且经过现场测试。特种作业人员应持证上岗。

（4）各项原材料均已报审，并附相应的合格证、试验报告、复试报告等。地脚螺栓若为高强螺栓或有复验要求时，进场时应进行抽样送检。

（5）施工场地符合要求，文明施工到位，安全措施已布置，满足规程、规范要求。

（6）地基处理完成，地基承载力满足设计要求。采用桩基础作地基处理时，需有相应桩基检测报告并报审，土方开挖后对桩位进行复测。

（7）施工临时用电可靠，容量满足现场要求，电缆保护措施到位。施工用水布置合理、使用方便。

（8）现场人员分工明确。

2. "5.2 测量放线"

（1）根据设计交桩记录，将站外控制桩引至站内，站内控制桩应布置合理、使用方便、保护措施到位，桩深度应超过冰冻土层，不应少于 4 个，定期进行复测。

（2）现场采用全站仪从站内控制桩引测各基础的控制桩，检查坐标是否符合设计图纸、偏差是否满足要求。仪器使用前应检查出厂合格证、计量鉴定证书，判断是否符合施工要求。

（3）螺栓、套管、预埋件在混凝土浇筑前、浇筑中、初凝前进行复测，确保精度满足设计及规范要求。

3. "5.3 土方工程"

（1）基坑开挖时观测土质情况是否与地质报告相符，对边坡、坡脚位置、标高、长度、宽度、表面平整度进行检查（见图 1-1），放坡系数是否符合施工方案要求。

（2）若基础地基处理采用桩基，检查桩头处理及桩与基础的连接工艺是否满足设计及相关规范要求。

（3）基坑回填时检查回填土料、分层厚度及含水量是否符合设计、规范要求，通过取样抽检检查回填压实系数，回填压实取样如图 1-9 所示，是否满足设计要求。

图 1-9 回填压实取样

（4）排水措施是否与施工方案相符，是否满足现场实际情况。

4. "5.6 钢筋工程"

（1）钢筋进场时，按规范规定抽取试件作力学性能和重量偏差检验，检查产品合格证、出厂检验报告和进场复验报告。当发现钢筋脆断、焊接性能不良或力学性能显著不正常等现象时，对该批钢筋进行化学成分检验或其他专项检验，或更换该批钢筋。

（2）钢筋工程现场验收时，查验钢筋型号、表面质量、加工尺寸、间距、连接方式、接头质量、接头位置、保护层厚度等是否符合设计图纸、质量验收规范要求，钢筋工程验收如图 1-10 所示。

（3）钢筋连接若采用机械连接，应检查连接方式是否满足相关规范要求，如套筒外径及套筒长度，并着重检查机械连接试验报告是否齐全，是否有型式检验报告。

（4）检查操作平台是否布置合理，混凝土浇筑施工时检查是否因人工踩踏造成钢筋明显位移。

5. "5.7 模板工程"

（1）现场应检查模板及支撑体系是否符合方案、计算书等要求。对模板材质、轴线位置、标高偏差、

图 1-10 钢筋工程验收

截面尺寸、垂直度、侧向弯曲、相邻两板表面高低差、表面平整度、预留孔洞位置、预埋螺栓位置进行检查。

（2）模板的接缝不应漏浆，模板与混凝土的接触面应清理干净并涂刷隔离剂，模板内的杂物应清理干净。

（3）为满足清水混凝土效果，基础外露部分不得设置对拉螺栓。

6. "5.8 预埋件、螺栓、套管、止水钢板安装"

（1）预埋件进场后，按照《变电（换流）站土建工程施工质量验收规范》（Q/GDW 10183—2021）中"表 84 预埋件制作质量标准和检验方法"的规定进行检查。

（2）预埋件与锚筋焊接工作宜在加工厂进行，防止现场焊接高温导致预埋件变形。

（3）对大型预埋件排气孔、振捣孔留置情况进行检查，防止成品基础预埋件出现空鼓现象。安装时对其平整度、标高、位置及加固支撑体系必须进行检查。混凝土浇筑初凝前还应进行预埋件复测，发现变化及时进行调整。

（4）检查预埋件是否镀锌、镀锌层是否破损，预埋件四周混凝土防裂措施是否到位。

（5）检查预埋套管的规格尺寸，安装平整度、标高、位置及加固支撑体系进行检查，预埋套

管安装验收如图 1-11 所示，合模之前做好混凝土防污染保护。

7. "5.9 混凝土工程"

（1）检查水泥产品合格证、出厂检验报告和进场复验报告，是否符合设计要求、《通用硅酸盐水泥》（GB 175—2007）、《清水混凝土应用技术规程》（JGJ 169—2009）。当在使用中对水泥质量有怀疑或水泥出厂超过三个月（快硬硅酸盐水泥超过一个月）时，应进行复验，并按复验结果使用。钢筋混凝土结构中，严禁使用含氯化物的水泥。

图 1-11　预埋套管安装验收

（2）检查配合比设计资料是否符合《普通混凝土配合比设计规程》（JGJ 55—2011）的有关规定，如混凝土强度等级、耐久性和工作性等要求。

（3）首次使用的配合比应进行开盘鉴定，检查开盘鉴定资料和试件强度试验报告，其工作性能应满足设计配合比的要求。开始生产时应另留置一组标准养护试件，作为验证配合比的依据。

（4）检查骨料含水率测试结果和施工配合比通知单，判断施工配合比是否正确。

（5）混凝土拌合水宜采用饮用水；当采用其他水源时，水质应符合《混凝土用水标准（附条文说明）》（JGJ 63—2006）的规定。

（6）检查粗细骨料进场复验报告，如级配、含泥量、碱含量、氯化物等质量是否符合《普通混凝土用砂、石质量及检验方法标准（附条文说明）》（JGJ 52—2006）、《用于水泥和混凝土中的粉煤灰》（GB/T 1596—2017）等要求。

（7）混凝土浇筑时按要求进行混凝土试件取样留置，普通混凝土留置要求：每拌制 100 盘且不超过 100m³ 的同配合比的混凝土，取样不得少于 1 次；每工作班拌制的同一配合比的混凝土不足 100 盘时，取样不得少于 1 次；当一次连续浇筑超过 1000m³ 时，同一配合比的混凝土每 200m³ 取样不得少于 1 次；每次取样应至少留置 1 组标准养护试件，同条件养护试件的留置组数应符合《混凝土结构工程施工质量验收规范》（GB 50204—2020）规定和现场要求。

（8）混凝土运输、浇筑及间歇的全部时间不应超过混凝土的初凝时间，同一施工主段的混凝土应连续浇筑，并应在底层混凝土初凝之前将上一层混凝土浇筑完毕。当底层混凝土初凝后浇筑上一层混凝土时，应按施工技术方案中对施工缝的要求进行处理。通过坍落度筒检测（见图 1-7），坍落度应符合施工方案要求。

（9）检查施工缝留置及处理、后浇带留置位置是否按设计要求和施工技术方案确定。

（10）检查混凝土养护措施是否与施工方案相符，天气情况是否与施工方案预估相符。混凝土养应在浇筑完毕后的 12h 以内对混凝土加以覆盖并保湿养护，混凝土覆盖养护如图 1-12 所示。混凝土浇水养护的时间：对采用硅酸盐水泥、普通硅酸盐水泥或矿渣硅酸盐水泥拌制的混凝土，不得少于 7 天；对掺用缓凝型外加剂或有抗渗要求的混凝土，不得少于 14 天。采用塑料薄膜覆盖养护的混凝土，其敞露的全部表面应覆盖严密，并应保持塑料布内有凝结水。混凝土强度达到 $1.2N/m^2$ 前，不得在其上踩踏或安装模板及支架。

图 1-12 混凝土覆盖养护

（11）混凝土结构拆模后，检查混凝土结构外观及尺寸偏差，对外观质量、轴线位移、垂直度、标高偏差、截面尺寸、表面平整度、预留孔位置、预埋件位置、裂缝情况等项目进行检查。

注：每一道施工工序按照《变电（换流）站土建工程施工质量验收规范》（Q/GDW 10183—2021）的质量标准、检验方法进行控制、验收。

第二章　土建施工方案审查要点

第一节　1000kV GIS 大体积混凝土施工方案

一、施工方案推荐目录

1　编制说明

1.1　编制依据

1.2　适用范围

1.3　编制目的

2　概况

2.1　工作内容

2.2　施工主要技术参数

2.3　施工特点与难点

3　施工进度计划

4　施工准备

4.1　施工人员准备

4.1.1　人员组成

4.1.2　职责分工

4.2　施工技术准备

4.3　施工机械、工器具准备

4.4　施工主要材料准备

4.5　施工主要试验和检测仪器准备

4.6　施工场地准备

5　施工工艺流程及操作要点

5.1　施工工艺流程图

5.2　测量放线

5.3 土方工程

5.4 混凝土垫层

5.5 操作平台搭设

5.6 钢筋工程

5.7 模板工程

5.8 预埋件、螺栓安装工程

5.9 混凝土工程

6 质量控制

6.1 质量控制措施

6.2 质量强制性条文执行

6.3 质量通病防治措施

6.4 标准工艺应用

7 安全控制

7.1 安全控制措施

7.2 施工安全风险动态识别、评估及预控措施

7.3 安全强制性条文

7.4 文明施工及成品保护

8 环境保护

9 应急预案

10 附件

二、 施工方案审查要点

1. "1.1 编制依据"

应按照国家法律法规、国标、行标、企标、国家电网基建相关管理规定及办法、本工程的建设管理制度文件、设计文件等顺序依次进行排列。核查相关标准及制度的有效期限。

2. "2 概况"

（1）"2.1 工作内容"应包括工程概况、施工期间的环境及气候条件、主要地质水文情况、场地及道路情况、地基或桩基设计情况、基础平面布置图、基础结构剖面图，主要工程量和各施工区段的工程量等内容。主要工程量中应列出主要材料数量，如钢筋、混凝土、预埋件等，各施工区段工程量中应列出各段各层尺寸和单次浇筑最大混凝土量。

（2）"2.2 施工主要技术参数"应列明基础主要技术指标和设计技术要求。如地质条件及设计承载力要求；基础类型及结构形式、混凝土和钢筋强度等级、保护层厚度；大体积混凝土施工的设计要求；地基或桩基处理要求；预埋件加工平整度要求、中心位置偏差、相邻预埋件高度偏差、露出混凝土面高度；螺栓强度等级、防腐、精度要求，如采用化学螺栓，要求列出螺栓抗拔力、

强度等参数；二次灌浆材料、倒圆角半径等。

（3）"2.3 施工特点与难点"应从安全、质量、进度等方面突出本工程的重点、难点、创新点及与其他工程不同点。

3. "3 施工进度计划"

（1）施工进度计划应根据设备供货计划、基础交安计划进行编制，宜用横道图或专业软件绘制，应编制到工序开始及结束时间。注意各工序有效衔接，包括地基处理和基础施工交接、GIS 辅助接地网施工、预埋件安装周期等时间节点。尽量避免土建施工与电气安装交叉作业。

（2）1000kV GIS 基础施工进度计划编制按间隔、施工缝进行划分，建议采取跳仓法施工方式。编制时注意厂房轨道基础与 1000kV GIS 基础施工顺序，按设备到货计划同步交安。后浇带混凝土浇筑间隔时间应满足设计规范要求。GIS 基础涉及分层浇筑时，应将筏板基础及上部结构分开编制。

（3）应根据混凝土养护条件、工程所属地天气情况进度计划编制，同时考虑混凝土养护时间。

4. "4.1 施工人员准备"

（1）"4.1.1 人员组成"应编写现场施工组织机构和施工作业人员配置表。根据各个作业面的特点，确定作业人员数量，明确作业层班组工作负责人、安全监护人及技术兼质检员。施工作业人员配置表中应根据施工进度计划增加各工种进场计划。

（2）"4.1.2 职责分工"中，应明确各岗位职责分工。

5. "4.2 施工技术准备"

应包括作业前的设计交底及施工图会检、材料取样、仪器校对、水准坐标点复核、施工方案编审及人员交底培训等内容。

6. "4.3 施工机械、工器具准备"

（1）应列表示意，并标注拟投入施工机械、工器具的数量与规格型号或主要的技术参数。

（2）大体积混凝土施工时宜采用商品混凝土，选择供应能力与工程需求相匹配的商品混凝土公司。根据商品混凝土站与工地距离、混凝土浇筑数量、混凝土泵送车数量型号、混凝土搅拌运输车行驶速度，计算混凝土搅拌运输车数量需求，若有必要，可在附件中混凝土泵车、搅拌运输车供料计算书。

（3）应重点审查挖掘机、装载机、混凝土泵送车、混凝土搅拌运输车等机械数量是否满足工期要求。大体积混凝土施工应配备测温仪、温感探头。大体积混凝土浇筑时现场应设置柴油发电机等备用电源。

7. "4.4 施工主要材料准备"

（1）混凝土：应明确各部位混凝土强度等级、抗渗标号、坍落度、工程部位等信息，还应明确混凝土中水泥、骨料、掺和料、外加剂、拌合水等各项混凝土原材料的要求及指标。

（2）应注明钢筋、模板、钢管主要材料的规格型号等技术指标。

（3）大体积混凝土施工，应明确水泥、砂、石、外加剂等原材料指标。坍落度、拌和水用量、粉煤灰掺量、水胶比、砂率等配合比指标应符合大体积混凝土施工要求。

（4）水泥：应选用中、低热硅酸盐水泥或低热矿渣硅酸盐水泥，大体积混凝土施工所用水泥其 3d 的水化热不宜大于 250kJ/kg，7d 的水化热不宜大于 280kJ/kg。

（5）骨料：细骨料宜采用中砂，其细度模数宜大于 2.3，含泥量不大于 3％；粗骨料宜选用粒径 5～31.5mm 的碎石，并连续级配，含泥量不大于 1％，选用非碱活性的。

（6）配和比设计：采用混凝土 60d 或 90d 强度作为指标，将其作为混凝土配合比的设计依据；所配制的混凝土拌合物，到浇筑工作面的坍落度不宜大于 160mm；拌和水用量不宜大于 175kg/m^3；粉煤灰掺量不宜超过胶凝材料用量的 40％，矿渣粉掺量不宜超过胶凝材料用量的 50％，粉煤灰和矿渣粉掺和料的总量不宜大于胶凝材料用量的 50％；水胶比不宜大于 0.55；砂率宜为 38％～42％；拌合物泌水量宜小于 10L/m^3。

8．"4.5 施工主要试验和检测仪器准备"

应列表示意，并标注拟投入试验和测量仪器设备的数量、规格型号及用途，并重点审查水准仪、经纬仪、全站仪等仪器精度是否满足施工要求。

9．"4.6 施工场地准备"

应包括施工场地要求及施工平面布置图，施工平面布置图中应体现基础施工顺序、施工电源布置、消防设施布置、材料运输通道、混凝土泵送车作业位置等，其中材料运输通道宜循环布置。

10．"5 施工工艺流程及操作要点"

（1）目录下所推荐的作业工序仅为参考，若存在其他施工项目，可对推荐目录进行适应性修改。重要施工项目可单独编制专项施工方案，如 GIS 钢结构厂房基础、钢结构安装、防火墙施工等。

（2）编写时应明确基础浇筑层数、预埋件安装精度验收、测温点安装、GIS 辅助接地网安装的工艺流程。GIS 辅助接地网一般由电气安装单位施工，应明确交叉作业面条件、移交作业面节点时间、停工待检点。

11．"5.2 测量放线"

应在基础周围引设控制桩，明确引测的基准控制点和引测方案。控制桩地基需牢固并设保护措施，定期复测。

12．"5.3 土方工程"

（1）若基础下为天然地基，根据设计图纸，明确基础地基承载力要求。

（2）应明确土方开挖方案，分段开挖或连续开挖。如是采用桩基进行地基处理时，应明确在开挖桩间土时防止桩体损坏的措施。

（3）查看设计地勘报告，明确基础开挖位置下土层情况，确定开挖作业面、放坡系数，并附剖面示意图，刨面示意图须体现安全围栏及坑边堆土距离（若需要）。

（4）基坑底部应采取设置排水沟、集水井等排水措施。

（5）根据设计图纸或规范要求明确土方回填压实系数、分层回填厚度。

（6）冬季施工时应明确基础回填的材料及含水率，避免冻土回填。

13. "5.4 混凝土垫层"

（1）若基础的地基处理采用桩处理，在混凝土垫层浇筑前进行破桩，应明确桩与基础的锚固构造。

（2）若地基承载力不符合要求，采用毛石混凝土换填时，应注明毛石运输、投放方式，毛石与混凝土的投放比例。

14. "5.5 操作平台搭设"

根据工程实际情况选择合适的操作平台方式，操作平台应符合安全规范要求，附简图明确操作平台材料规格、栏杆高度、操作平台宽度等参数，若操作平台过宽，需后附平台承重计算书。

15. "5.6 钢筋工程"

（1）钢筋进场：应按规定抽取试件作力学性能和重量偏差检验。检查产品合格证、出厂检验报告和进场复验报告。

（2）钢筋加工：应注意表面质量、弯钩、冷拉率、锚固长度等质量标准的控制。

（3）钢筋安装：应标明钢筋保护层厚度、马凳筋形式及间距、钢筋间距、连接方式等。钢筋接头质量符合《变电（换流）站土建工程施工质量验收规范》（Q/GDW 10183—2021）附录C的规定，若主筋采用直螺纹连接工艺时，应明确直螺纹连接工艺要求。

（4）基础薄弱部位应设附加钢筋，如基础阴角处、埋管周围等。基础分层浇筑时，上下层之间若需插筋构造，应注明插筋型号、间距、长度。

（5）1000kV GIS基础上部若存在辅助地网，应事先策划钢筋布置方案，根据设计的辅助地网引上位置调整主筋间距、内箍大小，避免钢筋与地网引上位置相碰。

16. "5.7 模板工程"

（1）模板及支撑系统应具有足够的承载能力、刚度和稳定性，应注明模板支撑系统参数：模板材质、厚度要求，背楞的规格尺寸，支撑系统的间距，对拉螺栓规格、间距等。模板支撑系统应附计算书、示意简图、主要节点设计图、节点技术要求。

（2）应详细描述GIS基础后浇带留设位置、后浇带模板安装方式，并附简图示意。GIS基础较长，应有基础模板顺直度控制措施。

17. "5.8 预埋件、螺栓安装工程"

（1）预埋件的加工质量应符合《变电（换流）站土建工程施工质量验收规范》（Q/GDW 10183—2021）中"附录B预埋件制作、安装质量标准"的规定。

（2）应明确图纸设计及验收规范中的平整度、标高、轴线的精度要求，预埋件安装应注明安装、调节、固定的方法和精度控制措施。

（3）预埋件标高应高于基础面，一般为2～5mm，以设计图纸为准。

（4）应明确预埋件安装及加固方式，使用托架、吊梁等支撑构件时应附简图示意。

（5）应明确防止预埋件焊接高温导致周边混凝土开裂的措施，应在预埋件四周留置凹槽或粘贴橡胶带，后打胶处理。

（6）短边长度不小于300mm的预埋件中间应合理设置排气孔、振捣孔，防止混凝土浇筑后预埋件下部产生空鼓现象，排气孔、振捣孔位置大小以设计图纸为准。

（7）若基础较长、预埋件（螺栓）较多或扩建工程基础施工时，应注意预埋件（螺栓）安装位置与先前施工完成的基础或一期完成的基础预埋件（螺栓）位置进行对比复测。

18．"5.9 混凝土工程"

（1）明确混凝土浇筑前的准备工作、验收条件。写明混凝土材料选择要求、取样要求，同条件试块留置数量，混凝土浇筑顺序（可附平面布置图及浇筑推进顺序图）、振捣方式、养护方法、养护时间、拆模条件等。

（2）GIS基础混凝土浇筑采用分层施工方法时，应明确上下层施工缝处理措施。

（3）GIS基础后浇带施工应明确混凝土浇筑时间、混凝土强度、养护时间、上部结构施工节点。

（4）GIS基础混凝土收光，应重点描述表面平整度控制措施和表面防积水措施。基础表面平整度控制，建议在基础表面固定角钢或方钢，将基础表面分成若干小块，角钢或方钢作为混凝土收光滚轮或刮尺的标高控制依据。角钢或方钢的布置应结合分隔缝的设置，并附图示意。基础表面防积水措施，建议设计图纸在基础中间合理设置排水槽或适当设置基础坡度。

（5）应明确混凝土的振捣要求，如振捣人数、振捣时间、振捣深度、振捣棒移动间距、振动平板移动速度、倒角线条振捣工艺等。振捣时预埋接地件周围应有保护措施。

（6）应明确混凝土分隔缝尺寸、留置时间、留置位置、填缝材料，其中留置位置应在分隔缝布置图中体现；分隔缝布置时考虑基础表面尺寸突变、混凝土应力集中、电缆沟位置等因素，布置合理、美观，利于裂缝控制。

（7）大体积混凝土施工前应根据材料特性、环境情况，详细编制的大体积混凝土温度控制、裂缝控制计算书。明确分层浇筑方式、振捣方式、二次振捣工艺、泌水处理方法、养护方法、成品保护及施工缝的处理措施，均应满足《大体积混凝土施工标准》（GB 50496—2018）、《大体积混凝土温度测控技术规范》（GB/T 51028—2015）要求。

（8）大体积混凝土施工应描述温控方案，明确温控指标、测温点布置、测温时间点、温控指标不达标的纠偏措施，测温点布置应附图示意，数量与布置原则符合《大体积混凝土施工标准》（GB 50496—2018）、《大体积混凝土温度测控技术规范》（GB/T 51028—2015）要求。

（9）混凝土养护方法、保温材料厚度根据现场环境情况及计算成果而确定。混凝土浇筑块体里表温差、混凝土表面与大气温差、混凝土降温速率均应符合《大体积混凝土施工标准》（GB 50496—2018）、《大体积混凝土温度测控技术规范》（GB/T 51028—2015）要求。

（10）应明确混凝土表面裂缝控制措施，如混凝土中掺抗裂纤维、基础表面增加抗裂网、表面阴阳角布置抗裂筋等。若基础表面增加抗裂网，应明确抗裂网的材料、规格尺寸，布置抗裂网时注意与混凝土浇筑的先后顺序。若要求混凝土中掺抗裂纤维，应注明抗裂纤维规格、用量。

（11）冬期施工施工时，应明确各项原材料、外加剂、配合比等要求；混凝土搅拌机、运输车、泵送车的保温措施；保温养护的方式、材料，并附简图示意。

19."6.1 质量控制措施"

应通过附检验批质量验收记录来明确质量控制标准、根据工程实际情况，应增加季节性施工质量控制措施，如冬期施工、高温施工、雨天施工等。

20."6.2 质量强制性条文执行"

按照《输变电工程建设标准强制性条文实施管理规程》（Q/GDW 10248—2016）编制强制性条文清单，在施工过程中逐条落实。

21."6.3 质量通病防治措施"

根据《国家电网公司输变电工程质量通病防治工作要求及技术措施》要求编写，结合工程实际，编制对应质量通病防治措施。

22."6.4 标准工艺应用"

按照《国家电网公司输变电工程标准工艺》、结合工程实际编制标准工艺应用清单。

23."7 安全控制"

应包括施工用电、机械作业、基坑作业、交叉作业、特殊天气作业等安全措施（临近带电还应包括临近带电作业安全要求）。应详细编制成品保护措施，包括基础成品、设备等。

24."8 环境保护"

按照国家环境保护的有关规定编写，制定有针对性的环境保护措施，包括防尘措施、泥浆排放、污水处理、水土保持、建筑垃圾处理、夜间施工防噪声措施等，应满足工程创优、绿色施工要求。

25."9 应急预案"

应明确停水、停电、机械故障、恶劣天气等应急情况下的应急措施，应明确应急救援队名单及预防应急措施。

26."10 附件"

主要包括施工平面布置图、模板支撑计算书、大体积混凝土温度控制计算书、大体积混凝土裂缝控制计算书、冬雨季施工保证措施和施工安全风险识别、评估及预控措施。

三、 现场实施与监督检查要点

（一）主要检查依据

注意更新的规范，如《混凝土结构工程施工质量验收规范》（GB 50204—2015）、《建筑边坡工程技术规范》（GB 50330—2013）、《混凝土外加剂应用技术规范》（GB 50119—2013）、《建筑工程施工质量验收统一标准》（GB 50300—2013）、《变电（换流）站土建工程施工质量验收》（Q/GDW 1183—2021）等。

（二）现场监督检查要点

1. "4 施工准备"

（1）设计交底和施工图会检已进行。

（2）施工方案完成编审批流程，经审查通过，并组织全体施工人员进行交底，施工作业票已填写。

（3）人员、机具、工器具和各项材料按施工方案配置齐全，特种设备须经主管部门检验合格，大型（起重）机械已经过保养且经过现场测试。特种作业人员应持证上岗。

（4）各项原材料均已报审，并附相应的合格证、试验报告、复试报告等。地脚螺栓若为高强螺栓或有复验要求时，进场时应进行抽样送检。

（5）施工场地符合要求，文明施工到位，安全措施已布置，满足规程、规范要求。

（6）地基处理完成，地基承载力满足设计要求。采用桩基础作地基处理时，需有相应桩基检测报告并报审，土方开挖后对桩位进行复测。

（7）施工临时用电可靠，容量满足现场要求，电缆保护措施到位。施工用水布置合理、使用方便。

（8）现场人员分工明确。

（9）1000kV GIS 基础混凝土施工前周边深基础类构筑物施工已完成，如事故油池、深井及比1000kV GIS 基础深的管沟等构筑物。1000kV GIS 基础宜在基础内电缆沟施工完成后整体交安，避免后期交叉作业。

2. "5.2 测量放线"

（1）根据设计交桩记录，将站外控制桩引至站内，站内控制桩应布置合理，使用方便，保护措施到位，桩深度应超过冰冻土层，不应少于4个，定期进行复测。

（2）现场采用全站仪从站内控制桩引测各基础的控制桩，检查坐标是否符合设计图纸、偏差是否满足要求。仪器使用前应检查出厂合格证、计量鉴定证书，判断是否符合施工要求。

图 2-1 地基验槽测量标高

（3）螺栓、预埋件在混凝土浇筑前、浇筑中、初凝前进行复测，确保精度满足设计及规范要求。

3. "5.3 土方工程"

（1）基坑开挖时观测土质情况是否与地质报告相符，对边坡、坡脚位置、标高、长度、宽度、表面平整度进行检查，基验槽测量标高如图2-1所示，放坡系数是否符合施工方案要求。

（2）若基础地基处理采用桩基，检查桩头处理及桩与基础的连接工艺是否满足设计及相关规范要求。

（3）基坑回填时检查回填土料、分层厚度及含水量是否符合设计、规范要求，通过取样抽检检查回填压实系数是否满足设计要求。

（4）排水措施是否与施工方案相符，是否满足现场实际情况。

4."5.6 钢筋工程"

（1）钢筋进场时，按规范规定抽取试件作力学性能和重量偏差检验，检查产品合格证、出厂检验报告和进场复验报告。当发现钢筋脆断、焊接性能不良或力学性能显著不正常等现象时，对该批钢筋进行化学成分检验或其他专项检验，或更换该批钢筋。

（2）钢筋工程现场验收时，查验钢筋型号、表面质量、加工尺寸、间距、连接方式、接头质量、接头位置、保护层厚度等是否符合设计图纸、质量验收规范要求，钢筋工程验收如图2-2所示。

（3）钢筋连接若采用机械连接，应检查连接方式是否满足相关规范要求，如套筒外径及套筒长度，并着重检查机械连接试验报告是否齐全，是否有型式检验报告。

（4）根据设计图纸要求，着重检查 1000kV GIS 基础后浇带处是否有钢筋加强措施。

（5）检查操作平台是否布置合理，混凝土浇筑施工时检查是否因人工踩踏造成钢筋明显位移。

5."5.7 模板工程"

（1）现场应检查模板及支撑体系是否符合方案、计算书等要求。对模板材质、轴线位置、标高偏差、截面尺寸、垂直度、侧向弯曲、相邻两板表面高低差、表面平整度、预留孔洞位置、预埋螺栓位置进行检查，模板工程验收如图2-3所示。

图2-2 钢筋工程验收

（2）模板的接缝不应漏浆，模板与混凝土的接触面应清理干净并涂刷隔离剂，模板内的杂物应清理干净，模板光滑清洁无杂物如图2-4所示。

（3）为满足清水混凝土效果，基础外露部分不得设置对拉螺栓。

图2-3 模板工程验收

图2-4 模板光滑清洁无杂物

6. "5.8 预埋件、螺栓安装工程"

（1）预埋件进场后，按照《变电（换流）站土建工程施工质量验收规范》（Q/GDW 1183—2012）中"附录 B 预埋件制作、安装质量标准"的规定进行检查。

（2）预埋件与锚筋焊接工作宜在加工厂进行，防止现场焊接高温导致预埋件变形。

图 2-5 预埋件安装验收

（3）对大型预埋件排气孔、振捣孔留置情况进行检查，防止成品基础预埋件出现空鼓现象。安装时对其平整度、标高、位置及加固支撑体系必须进行检查，预埋件安装验收如图 2-5 所示。混凝土浇筑初凝前还应进行预埋件复测，发现变化及时进行调整。

（4）检查预埋件是否镀锌、镀锌层是否破损，预埋件四周混凝土防裂措施是否到位。

（5）若基础较长、预埋件（螺栓）较多或扩建工程基础施工时，应注意预埋件（螺栓）安装位置与先前施工完成的基础或一期完成的基础预埋件（螺栓）位置进行对比复测。

7. "5.9 混凝土工程"

（1）检查水泥产品合格证、出厂检验报告和进场复验报告，是否符合设计要求、《通用硅酸盐水泥》（GB 175—2007）、《清水混凝土应用技术规程》（JGJ 169—2009）。当在使用中对水泥质量有怀疑或水泥出厂超过三个月（快硬硅酸盐水泥超过一个月）时，应进行复验，并按复验结果使用。钢筋混凝土结构中，严禁使用含氯化物的水泥。

（2）检查配合比设计资料是否符合《普通混凝土配合比设计规程》（JGJ 55—2011）的有关规定，如混凝土强度等级、耐久性和工作性等要求。

（3）首次使用的配合比应进行开盘鉴定，检查开盘鉴定资料和试件强度试验报告，其工作性能应满足设计配合比的要求。开始生产时应另留置一组标准养护试件，作为验证配合比的依据。

（4）检查骨料含水率测试结果和施工配合比通知单，判断施工配合比是否正确。

（5）混凝土拌合水宜采用饮用水；当采用其他水源时，水质应符合《混凝土用水标准（附条文说明）》（JGJ 63—2006）的规定。

（6）检查粗细骨料进场复验报告，如级配、含泥量、碱含量、氯化物等质量是否符合《普通混凝土用砂、石质量及检验方法标准（附条文说明）》（JGJ 52—2006）、《用于水泥和混凝土中的粉煤灰》（GB/T 1596—2017）等要求。

（7）检查混凝土表面裂缝控制措施，如混凝土中掺抗裂纤维、基础表面增加抗裂网、表面阴阳角布置抗裂筋等。

（8）混凝土浇筑时按要求进行混凝土试件取样留置，普通混凝土留置要求：每拌制 100 盘且不超过 100m³ 的同配合比的混凝土，取样不得少于 1 次；每工作班拌制的同一配合比的混凝土不足

100 盘时，取样不得少于 1 次；当一次连续浇筑超过 1000m³ 时，同一配合比的混凝土每 200m³ 取样不得少于 1 次；每次取样应至少留置 1 组标准养护试件，同条件养护试件的留置组数应符合《混凝土结构工程施工质量验收规范》（GB 50204—2020）规定和现场要求。

（9）混凝土运输、浇筑及间歇的全部时间不应超过混凝土的初凝时间，同一施工主段的混凝土应连续浇筑，并应在底层混凝土初凝之前将上一层混凝土浇筑完毕。当底层混凝土初凝后浇筑上一层混凝土时，应按施工技术方案中对施工缝的要求进行处理。通过坍落度筒检测，如图 2-6 所示，坍落度应符合施工方案要求。

（10）检查 1000kV GIS 基础施工缝留置及处理、后浇带留置位置是否按设计要求和施工技术方案确定。

（11）检查 1000kV GIS 基础混凝土收光，表面平整度控制措施和表面防积水措施是否按设计要求和施工技术方案确定。

（12）检查混凝土养护措施是否与施工方案相符，天气情况是否与施工方案预估相符。混凝土养应在浇筑完毕后的 12h 以内对混凝土加以覆盖并保湿养护。混凝土浇水养护的时间：对采用硅酸盐水泥、普通硅酸盐水泥

图 2-6 坍落度筒检测

或矿渣硅酸盐水泥拌制的混凝土，不得少于 7 天；对掺用缓凝型外加剂或有抗渗要求的混凝土，不得少于 14 天。采用塑料薄膜覆盖养护的混凝土，其敞露的全部表面应覆盖严密，并应保持塑料布内有凝结水。混凝土强度达到 1.2N/m² 前，不得在其上踩踏或安装模板及支架。

（13）混凝土结构拆模后，检查混凝土结构外观及尺寸偏差，对外观质量、轴线位移、垂直度、标高偏差、截面尺寸、表面平整度、预留孔位置、预埋件位置、裂缝情况等项目进行检查。

（14）检查大体积基础测温记录，主要包括测温频率、混凝土里表温差、混凝土表面与大气温度温差、混凝土降温速率、混凝土最大温升值等方面。检查现场测温记录，温度变化曲线是否合理，是否需要调整养护措施。

（15）大体积混凝土温控指标要符合下列规定：

1）混凝土浇筑体在入模温度基础上的温升值不大于 50℃；

2）混凝土浇筑块体的里表温差（不含混凝土收缩的当量温度）不大于 25℃；

3）混凝土浇筑体的降温速率不大于 2.0℃/d；

4）混凝土浇筑体表面与大气温差不大于 20℃。

注：每一道施工工序按照《变电（换流）站土建工程施工质量验收》（Q/GDW 1183—2021）的质量标准、检验方法进行控制、验收。

第二节　阀厅及换流变压器防火墙施工方案

一、 施工方案推荐目录

1　编制说明

1.1　适用范围

1.2　编制依据

2　概况

2.1　工作内容

2.2　施工主要技术参数

2.3　施工特点与难点

3　施工进度计划

4　施工准备

4.1　施工人员准备

4.1.1　人员组成

4.1.2　职责分工

4.2　施工技术准备

4.3　施工机械、工器具准备

4.4　主要材料准备

4.5　施工场地准备

5　施工工艺流程及操作要点

5.1　施工工艺流程图

5.2　测量放线

5.3　脚手架工程

5.4　钢筋工程

5.5　模板工程

5.6　预埋件、螺栓、套管安装

5.7　混凝土工程

5.8　保护液施工

6　质量控制

6.1　质量控制措施

6.2　质量强制性条文执行

6.3　质量通病防治措施

6.4　标准工艺应用

7　安全控制

7.1　安全控制措施

7.2　施工安全风险动态识别、评估及预控措施

7.3　安全强制性条文

7.4　文明施工及成品保护

8　环境保护

9　应急预案

10　附件

二、　施工方案审查要点

1. "1.2 编制依据"

应按照国家法律法规、国标、行标、企标、国家电网基建相关管理规定及办法、本工程的建设管理制度文件、设计文件等顺序依次进行排列。核查相关标准及制度的有效期限。

2. "2 概况"

（1）"2.1 工作内容"应包括工程概况、施工期间的环境及气候条件、场地及道路情况、平面布置图、主要工程量和各施工区段的工程量等内容。主要工程量中应列出主要材料数量，如钢筋、混凝土、预埋件等，各施工区段工程量中应列出各段各层尺寸和单次浇筑最大混凝土量。

（2）"2.2 施工主要技术参数"应列明防火墙主要技术指标和设计技术要求。如防火墙高度、长度、宽度相关参数；结构形式、混凝土和钢筋强度等级、保护层厚度；预埋件和套管加工平整度要求、中心位置偏差、相邻预埋件高度偏差、露出混凝土面高度；螺栓强度等级、防腐、精度要求，如采用化学螺栓，要求列出螺栓抗拔力、强度等参数；二次灌浆材料、倒圆角半径等。

（3）"2.3 施工特点与难点"须突出本工程的重点、难点、创新点及与其他工程不同点。

3. "3 施工进度计划"

（1）施工进度计划应根据设备供货计划、交安计划进行编制，宜用横道图或专业软件绘制。注意各工序有效衔接，包括混凝土养护、后浇带施工周期、预埋件安装周期等时间节点。

（2）进度计划编制时应根据防火墙混凝土浇筑次数、养护条件、拆模支模时间间隔、工程所属地天气情况，同时考虑混凝土养护时间。

4. "4.1 施工人员准备"

（1）"4.1.1 人员组成"应编写现场施工组织机构和施工作业人员配置表。根据各个作业面的特点，确定作业人员数量，明确工作负责人。施工作业人员配置表中应根据施工进度计划增加各工种进场计划。

（2）"4.1.2 职责分工"中，应明确各岗位职责分工。

5. "4.2 施工技术准备"

应包括作业前的设计交底及施工图会检、施工方案编审及交底培训等内容，对于二级风险，施工方案应由建管单位组织审查。

6. "4.3 施工机械、工器具准备"

（1）应列表示意，并标注拟投入施工机械、工器具的数量与规格型号或主要的技术参数。

（2）混凝土选择供应能力与工程需求相匹配的商品混凝土公司。根据商品混凝土站与工地距离、混凝土浇筑数量、混凝土泵送车数量型号、混凝土搅拌运输车行驶速度，计算混凝土搅拌运输车数量需求。

（3）应重点审查挖掘机、装载机、混凝土泵送车、混凝土搅拌运输车等机械数量是否满足工期要求。水准仪、经纬仪、全站仪等仪器精度是否满足施工要求。

7. "4.4 主要材料准备"

（1）混凝土：应明确各部位混凝土强度等级、坍落度、工程部位等信息，还应明确混凝土中水泥、骨料、掺和料、外加剂、拌合水等各项混凝土原材料的要求及指标。

（2）应注明钢筋、钢管主要材料的规格型号等技术指标。

（3）应注明防火墙模板的选型，模板材料组成、材料厚度、固定形式；模板的规格、组拼方法、安装方式，附模板的规格统计表。

8. "4.5 施工场地准备"

应包括施工场地要求及施工平面布置图，施工平面布置图中应体现施工电源布置、消防设施布置、材料运输通道、混凝土泵送车作业位置等，其中材料运输通道宜循环布置。

9. "5 施工工艺流程及操作要点"

（1）目录中所推荐的作业工序仅为参考，若存在其他施工项目，可对推荐目录进行适应性修改。重要施工项目可单独编制专项施工方案。

（2）编写时应明确结构混凝土浇筑层数、预埋件、预埋螺栓、套管安装精度验收工艺流程。

10. "5.2 测量放线"

应在基础筏板上引设控制桩，明确引测的基准控制点和引测方案。控制桩需牢固并设保护措施，定期复测。根据控制桩进行防火墙轴线、标高的引测。

11. "5.3 脚手架工程"

（1）脚手架工程应单独编制专项施工方案。

（2）应明确脚手架搭设方案，确定脚手架的横距、纵距、步距、剪刀撑跨度等参数，明确脚手架材料使用规格和搭设要求。

（3）应附脚手架平面布置图、立面图、节点详图等施工图纸。

（4）脚手架垫层应采取设置排水沟、集水井等排水措施。

（5）根据施工规范要求，明确脚手架验收检查项目、允许偏差及定期检查项目。

（6）应明确脚手架多次搭设和模板安装时脚手架安装要求，明确脚手架拆除时相关要求和注意事项。

12. "5.4 钢筋工程"

（1）钢筋进场：应按规定抽取试件作力学性能和重量偏差检验。检查产品合格证、出厂检验报告和进场复验报告。

（2）钢筋加工：应注意表面质量、弯钩、冷拉率、锚固长度等质量标准的控制。

（3）钢筋安装：应标明钢筋保护层厚度、马凳筋形式及间距、钢筋间距、连接方式等。钢筋接头质量符合《变电（换流）站土建工程施工质量验收规范》（Q/GDW 10183—2021）的规定，若主筋采用直螺纹连接工艺时，应明确直螺纹连接工艺要求。

（4）基础薄弱部位应设附加钢筋，如基础阴角处、埋管周围等。基础分层浇筑时，上下层之间若需插筋构造，应注明插筋型号、间距、长度。

13. "5.5 模板工程"

（1）应注明防火墙模板的选型，模板材料组成、材料厚度、固定形式；模板的规格、组拼方法、安装方式。模板主要设计图、节点图等。

（2）模板及支撑系统应具有足够的承载能力、刚度和稳定性，应注明模板支撑系统参数：模板材质、厚度要求，背楞的规格尺寸，支撑系统的间距，对拉螺栓规格、间距等。模板支撑系统应附计算书、示意简图、主要节点设计图、节点技术要求。

（3）应详细描述防火墙施工缝留设位置，并附简图示意。

（4）应描述模板拆除时间、拆除依据，拆除过程中注意事项等要求。

（5）对防火墙洞口模板和防火墙挑檐模板安装、加固方式、质量控制措施等应详细描述。

14. "5.6 预埋件、螺栓、套管安装"

（1）预埋件的加工质量应符合《变电（换流）站土建工程施工质量验收规范》（Q/GDW 10183—2021）中"表84 预埋件制作质量标准和检验方法"的规定。

（2）应明确图纸设计及验收规范中的平整度、标高、轴线的精度要求，预埋件安装应注明安装、调节、固定的方法和精度控制措施。

（3）预埋件标高应高于基础面，一般为2～5mm，以设计图纸为准。

（4）应明确预埋件安装及加固方式，使用托架、吊梁等支撑构件时应附简图示意。

（5）应明确防止预埋件焊接高温导致周边混凝土开裂的措施，建议在预埋件四周留置凹槽或粘贴橡胶带。

（6）短边长度不小于300mm的预埋件中间应合理设置排气孔、振捣孔，防止混凝土浇筑后预埋件下部产生空鼓现象。

（7）预埋套管安装应注明安装、调节、固定的方法和精度控制措施，混凝土浇筑过程中防污染措施。

（8）若基础较长、预埋件（螺栓）较多或扩建工程基础施工时，应注意预埋件（螺栓）安装位置与先前施工完成的基础或一期完成的基础预埋件（螺栓）位置进行对比复测。

15. "5.7 混凝土工程"

（1）明确混凝土浇筑前的准备工作、验收条件。写明混凝土配合比等级、取样要求，同条件试块留置数量，混凝土浇筑顺序、振捣方式、养护方法、养护时间、拆模条件等。混凝土配合比首次开盘应结合浇筑混凝土样板确定最佳配合比。

（2）防火墙混凝土浇筑采用分层施工方法时，应明确上下层施工时间间隔、人员安排、机械安排。

（3）应明确混凝土的振捣要求，如振捣时间、振捣深度、振捣棒移动间距、振动平板移动速度、倒角线条振捣工艺等。振捣时预埋接地件周围应有保护措施。

（4）应明确混凝土分隔缝尺寸、留置时间、留置位置、填缝材料，其中留置位置应在分隔缝布置图中体现；分隔缝布置时考虑基础表面尺寸突变、混凝土应力集中、电缆沟位置等因素，布置合理、美观，利于裂缝控制。

（5）混凝土养护方法、保温材料厚度根据现场环境情况及计算成果而确定。

（6）应明确混凝土表面裂缝控制措施，如混凝土中掺抗裂纤维、基础表面增加抗裂网、表面阴阳角布置抗裂筋等。若基础表面增加抗裂网，应明确抗裂网的材料、规格尺寸，布置抗裂网时注意与混凝土浇筑的先后顺序。若要求混凝土中掺抗裂纤维，应注明抗裂纤维规格、用量。

（7）冬期施工时，应明确各项原材料、外加剂、配合比等要求；混凝土搅拌机、运输车、泵送车的保温措施；保温养护的方式、材料，并附简图示意。

（8）应明确混凝土成品保护措施和防污染措施。

（9）根据设计图纸要求，应明确防火墙后浇带施工时间、混凝土等级、模板加固形式等。

16. "5.8 保护液施工"

（1）应明确保护液组成原材料、作用原理、施工工艺等内容。

（2）应明确保护液施工后验收质量标准及处理方式等。

17. "6.1 质量控制措施"

（1）根据工程实际情况，应增加季节性施工质量控制措施，如冬期施工、高温施工、雨天施工等。

（2）应增加对模板支撑体系搭设、拆除，模板安装的控制措施。

（3）应明确防火墙对拉螺栓孔处理措施、保护液施工前防火墙结构表面处理方法和要求。

（4）应增加对施工过程中成品保护的控制措施。

18. "6.2 质量强制性条文执行"

按照住房和城乡建设部2021年发布的强制性工程建设通用规范编制强制性条文清单，在施工过程中逐条落实。

19. "6.3 质量通病防治措施"

根据《国家电网公司输变电工程质量通病防治工作要求及技术措施》要求编写。

20. "6.4 标准工艺应用"

按照《国家电网有限公司输变电工程标准工艺》（2021 版）编制标准工艺应用清单。

21. "7 安全控制"

应包括施工用电、机械作业、施工作业、交叉作业、模板支撑体系、特殊天气作业等安全措施。

22. "8 环境保护"

编写按照国家环境保护的有关规定，制定有针对性的环境保护措施，包括防尘措施、泥浆排放、污水处理、水土保持、建筑垃圾处理、夜间施工防噪声措施等，应满足工程创优、绿色施工要求。

23. "9 应急预案"

应明确停水、停电、机械故障、恶劣天气、模板支撑体系垮塌、意外伤害等应急情况下的应急措施。

24. "10 附件"

主要包括施工平面布置图、模板支撑计算书、模板支撑体系布置图、脚手架施工图和施工安全风险识别、评估及预控措施。

三、 现场实施与监督检查要点

（一）主要检查依据

注意更新规范，如《混凝土结构工程施工质量验收规范》（GB 50204—2020）、《混凝土外加剂应用技术规范》（GB 50119—2013）、《建筑施工模板安全技术规程》（JGJ 162—2008）、《清水混凝土应用技术规程》（JGJ 169—2009）、《建筑工程施工质量验收统一标准》（GB 50300—2013）、《变电（换流）站土建工程施工质量验收》（Q/GDW 10183—2021）、《建筑施工扣件式钢管脚手架安全技术规范》（JGJ 130—2011）、《建筑施工模板安全技术规范》（JGJ 162—2008）、《钢筋机械连接技术规程》（JGJ 107—2016）等。

（二）现场监督检查要点

1. "4 施工准备"

（1）设计交底和施工图会检已进行。

（2）施工方案完成编审批流程，经审查通过，并组织全体施工人员进行交底，施工作业票已填写。

（3）人员、机具、工器具和各项材料按施工方案配置齐全，特种设备须经主管部门检验合格，大型（起重）机械已经过保养且经过现场测试。特种作业人员应持证上岗。

（4）各项原材料均已报审，并附相应的合格证、试验报告、复试报告等。地脚螺栓若为高强螺栓或有复验要求时，进场时应进行抽样送检。

（5）施工场地符合要求，文明施工到位，安全措施已布置，满足规程、规范要求。

（6）基础筏板施工完成，养护时间完成。

（7）施工临时用电可靠，容量满足现场要求，电缆保护措施到位。施工用水布置合理、使用方便。

（8）现场人员分工明确。

2."5.2 测量放线"

（1）根据站内控制桩，将防火墙轴线和标高引测到筏板基础上，并在防火墙周边设置就近控制桩，控制应布置合理，使用方便，保护措施到位，定期进行复测。

（2）现场采用全站仪从站内控制桩引测控制桩，检查坐标是否符合设计图纸、偏差是否满足要求。仪器使用前应检查出厂合格证、计量鉴定证书，判断是否符合施工要求。

（3）螺栓、套管、预埋件在混凝土浇筑前、浇筑中、初凝前进行复测，确保精度满足设计及规范要求。

图 2-7 脚手架工程验收

3."5.3 脚手架工程"

（1）脚手架搭设前，筏板基础应具备上人和堆放材料条件。

（2）脚手架搭设应与方案中要求保持一致，相关参数相匹配，连墙件、剪刀撑设置严格按照方案执行，走道、密目网、踢脚板设置应规范，脚手架工程验收如图2-7所示。

（3）脚手架应验收合格，验收牌悬挂在醒目位置，接地设置规范、数量满足要求。

（4）排水措施是否与施工方案相符，是否满足现场实际情况。

4."5.4 钢筋工程"

（1）钢筋进场时，按规范规定抽取试件作力学性能和重量偏差检验，检查产品合格证、出厂检验报告和进场复验报告。当发现钢筋脆断、焊接性能不良或力学性能显著不正常等现象时，对该批钢筋进行化学成分检验或其他专项检验，或更换该批钢筋。

（2）钢筋工程现场验收时，查验钢筋型号、表面质量、加工尺寸、间距、连接方式、接头质量、接头位置、保护层厚度等是否符合设计图纸、质量验收规范要求，钢筋工程验收如图2-8所示。

（3）钢筋连接若采用机械连接，应检查连接方式是否满足相关规范要求，如套筒外径及套筒长度，并着重检查机械连接试验报告是否齐全，是否有型式检验报告。

（4）检查操作平台是否布置合理，混凝土浇筑施工

图 2-8 钢筋工程验收

时检查是否因人工踩踏造成钢筋明显位移。

5. "5.5 模板工程"

（1）现场应检查模板及支撑体系是否符合方案、计算书等要求。对模板材质、轴线位置、标高偏差、截面尺寸、垂直度、侧向弯曲、相邻两板表面高低差、表面平整度、预留孔洞位置、预埋螺栓位置进行检查，预埋螺栓安装验收如图 2-9 所示。

（2）模板的接缝不应漏浆，模板与混凝土的接触面应清理干净并涂刷隔离剂，模板内的杂物应清理干净，如图 2-10 所示。

（3）为满足清水混凝土效果，基础外露部分不得设置对拉螺栓。

图 2-9　预埋螺栓安装验收　　　　　　　图 2-10　模板光滑清洁无杂物

6. "5.6 预埋件、螺栓、套管安装"

（1）预埋件进场后，按照《变电（换流）站土建工程施工质量验收规范》（Q/GDW 10183—2021）中"表 84 预埋件制作质量标准和检验方法"的规定进行检查。

（2）预埋件与锚筋焊接工作宜在加工厂进行，防止现场焊接高温导致预埋件变形。

（3）对大型预埋件排气孔、振捣孔留置情况进行检查，防止成品基础预埋件出现空鼓现象。安装时必须检查其平整度、标高、位置及加固支撑体系。混凝土浇筑初凝前还应进行预埋件复测，发现变化及时进行调整。

（4）检查预埋件是否镀锌、镀锌层是否破损，预埋件四周混凝土防裂措施是否到位。

（5）检查预埋套管的规格尺寸，安装平整度、标高、位置及加固支撑体系进行检查，合模之前做好混凝土防污染保护。

7. "5.7 混凝土工程"

（1）检查水泥产品合格证、出厂检验报告和进场复验报告，是否符合设计要求、《通用硅酸盐水泥》（GB 175—2007）、《清水混凝土应用技术规程》（JGJ 169—2009）。当在使用中对水泥质量有怀疑或水泥出厂超过三个月（快硬硅酸盐水泥超过一个月）时，应进行复验，并按复验结果使用。钢筋混凝土结构中，严禁使用含氯化物的水泥。

（2）检查配合比设计资料是否符合《普通混凝土配合比设计规程》（JGJ 55—2011）的有关规定，如混凝土强度等级、耐久性和工作性等要求。

（3）首次使用的配合比应进行开盘鉴定，检查开盘鉴定资料和试件强度试验报告，其工作性能应满足设计配合比的要求。开始生产时应另留置一组标准养护试件，作为验证配合比的依据。

（4）检查骨料含水率测试结果和施工配合比通知单，判断施工配合比是否正确。

（5）混凝土拌合水宜采用饮用水；当采用其他水源时，水质应符合《混凝土用水标准（附条文说明）》（JGJ 63—2006）的规定。

（6）检查粗细骨料进场复验报告，如级配、含泥量、碱含量、氯化物等质量是否符合《普通混凝土用砂、石质量及检验方法标准（附条文说明）》（JGJ 52—2006）、《用于水泥和混凝土中的粉煤灰》（GB/T 1596—2017）等要求。

（7）混凝土浇筑时按要求进行混凝土试件取样留置，普通混凝土留置要求：每拌制100盘且不超过100m³的同配合比的混凝土，取样不得少于1次；每工作班拌制的同一配合比的混凝土不足100盘时，取样不得少于1次；当一次连续浇筑超过1000m³时，同一配合比的混凝土每200m³取样不得少于1次；每次取样应至少留置1组标准养护试件，同条件养护试件的留置组数应符合《混凝土结构工程施工质量验收规范》（GB 50204—2020）规定和现场要求，混凝土试块取样如图2-11所示。

（8）混凝土运输、浇筑及间歇的全部时间不应超过混凝土的初凝时间，同一施工主段的混凝土应连续浇筑，并应在底层混凝土初凝之前将上一层混凝土浇筑完毕。当底层混凝土初凝后浇筑上一层混凝土时，应按施工技术方案中对施工缝的要求进行处理。通过坍落度筒检测，如图2-12所示，坍落度应符合施工方案要求。

图2-11　混凝土试块取样　　　　　　　图2-12　坍落度筒检测

（9）检查施工缝留置及处理、后浇带留置位置是否按设计要求和施工技术方案确定。

（10）检查混凝土养护措施是否与施工方案相符，天气情况是否与施工方案预估相符。混凝土养应在浇筑完毕后的12h以内对混凝土加以覆盖并保湿养护，如图2-13所示。混凝土浇水养护的时间：对采用硅酸盐水泥、普通硅酸盐水泥或矿渣硅酸盐水泥拌制的混凝土，不得少于7天；对掺用缓凝型外加剂或有抗渗要求的混凝土，不得少于14天。采用塑料薄膜覆盖养护的混凝土，其敞露的全部表面应覆盖严密，并应保持塑料布内有凝结水。混凝土强度达到1.2N/m² 前，不得在其上踩踏或安装模板及支架。

图 2‑13　混凝土覆盖养护

（11）混凝土结构拆模后，检查混凝土结构外观及尺寸偏差，对外观质量、轴线位移、垂直度、标高偏差、截面尺寸、表面平整度、预留孔位置、预埋件位置、裂缝情况等项目进行检查。

注：每一道施工工序按照《变电（换流）站土建工程施工质量验收规范》（Q/GDW 10183—2021）的质量标准、检验方法进行控制、验收。

第三章　设备安装方案审查要点

第一节　1000kV 构架吊装施工方案

一、施工方案推荐目录

1　编制说明

1.1　适用范围

1.2　编制依据

2　概况

2.1　工作内容

2.2　施工特点与难点

3　施工计划

3.1　物资到货计划

3.2　施工进度计划

4　施工准备

4.1　施工人员准备

4.1.1　人员组成

4.1.2　职责分工

4.2　施工技术准备

4.3　施工场地准备

4.4　施工机械、工器具准备

5　施工工艺流程及操作要点

5.1　施工工艺流程图

5.2　基础验收和复测

5.3　进场检验、保管

5.4　地面组装

二、 施工方案编制和审查要点

1. "1.2 编制依据"

应按照国家法律法规、国标、行标、企标、国家电网基建相关管理规定及办法、本工程的建设管理制度文件、设计文件等顺序依次进行排列。核查相关标准及制度的有效期限。标准应包括《起重机械安全规程 第1部分：总则》（GB/T 6067.1—2010）、《起重机械安全规程 第5部分：桥式和门式起重机》（GB/T 6067.5—2014）、《1000kV 构支架施工及验收规范》（GB 50834—2013）、《钢结构工程施工规范》（GB 50755—2012）、《钢结构工程施工质量验收标准》（GB 50205—2020）、《编织吊索 安全性 第1部分：一般用途合成纤维扁平吊装带》（JB/T 8521.1—2007）、《编织吊索 安全性 第2部分：一般用途合成纤维圆形吊装带》（JB/T 8521.2—2007）、《国家电网公司电力安全工作规程 变电部分》（Q/GDW 1799.1—2013）、《建筑施工起重吊装工程安全技术规范》（JGJ 276—2012）、《建筑施工高处作业安全技术规范》（JGJ 80—2016）、《1000kV 交流变电站构支架组立施工工艺导则及编制说明》（Q/GDW 1165—2014）、《绝缘手套作业法接跌落式熔断器上引线标准化作业指导书》（Q/GDW 10—164—2015）。

2．"2概况"

（1）"2.1 工作内容"工作内容应明确构架柱及构架梁的数量、重量、尺寸及连接方式，应附构架透视图及平面布置图。

（2）"2.2 施工特点与难点"应从安全、质量、进度等方面突出本工程的重点、难点、创新点及与其他工程不同点。

3．"3 施工计划"

因1000kV 构架体量大，场地受限，应分别排列物资到货计划及施工进度计划，做好物资提前供货，衔接紧密。应明确分段起吊计划、吊装顺序、地面组装进度、构架柱和构架梁吊装进度等。

4．"4.1 施工人员准备"

应编写现场施工组织机构和施工作业人员配置表，并明确各岗位职责分工。根据各个作业面的特点，确定作业人员数量，明确作业层班组工作负责人、安全监护人及技术兼质检员。施工作业人员配置表中应根据施工进度计划增加人员进场计划。

5．"4.2 施工技术准备"

应包括作业前的设计交底及施工图会检、仪器校对、基础螺栓复核、施工方案编审及人员交底培训等内容。

6．"4.3 施工场地准备"

（1）应包含对道路及吊装场地的要求，地质条件较差的情况下，应明确具体的施工措施。

（2）应综合考虑起重机械＋配重＋最重构件重量，对地面进行压强计算，并与设计承载力进行校核。

7．"4.4 施工机械、工器具准备"

（1）应包括起重器械的设备型号、工况描述（配重），机械对应施工内容及资质审查内容等。

（2）施工工器具应包含钢丝绳、钢板、吊带、卸扣、开口滑车、手扳葫芦、液压千斤顶等工器具的规格和数量；测量仪器应包含经纬仪、水准仪、塔尺、游标卡尺、镀层测厚仪、风速测量仪等仪器的型号与数量；安全工器具应包含安全带、防坠器、攀登自锁器、水平移动绳、个人保安线的数量及用途。

8."5.1 施工工艺流程图"

应包含基础验收和复测、进场检验、保管、构架柱地面组装、横梁地面组装、防腐涂料喷涂、构架柱安装、横梁吊装、地线柱及避雷针吊装、螺栓紧固、接地安装、验收等相关内容。描述安装流程，后序安装流程均需按照此流程一一对应开展，注意同步开展的作业流程。

9."5.2 基础验收和复测"

按照《1000kV 构支架施工及验收规范》(GB 50834—2013) 要求进行验收，需明确构架基础工序交接允许偏差。

10."5.3 进场检验、保管"

按照《1000kV 构支架施工及验收规范》(GB 50834—2013) 要求进行验收。

(1) 应包含构架出厂验收的相关内容。

(2) 应详细描述现场存放要求、保管措施，应附构件存放位置示意图。

(3) 针对螺栓的存放及领用，应明确螺栓登记入库、分类存放、领用回收等相关制度。

11."5.4.1 构架柱地面组装""5.4.2 横梁地面组装"

(1) 需明确构架地面组装原则及构架地面调整原则。

(2) 要详细描述排杆布置，吊车路线、站位，需附地面组装平面布置图。

(3) 构架柱地面组装需需明确吊装方法，若采用分段拼装，需明确每一分段的重量及配合机械的使用；构架梁地面组装需附构架梁起拱示意图。

(4) 地面组装完成后按照《1000kV 构支架施工及验收规范》(GB 50834—2013) 要求进行验收，列出标准要求，其中横梁预拱值等关键值需要量化。

12."5.4.3 防腐涂料喷涂"

建议构架采取地面喷涂，吊装完成后局部补漆的方式，写明喷涂的质量标准要求及成品保护措施、安全措施，喷漆后检查数量及检验方法。包括喷涂后漆面观感、喷涂次数，构架接地端子表面不得喷涂，作业时应对周围设备进行成品保护，附近不应有明火作业，漆膜测厚仪检查检验等。

13."5.5 构架柱安装"

构架柱分段吊装过程如下。

(1) 详细描述每段成片、成笼的吊装步骤。

(2) 明确构架柱分段吊点位置的选择，若采用溜尾吊装法，需附溜尾吊装法示意图及主、辅吊点示意图，需明确临时拉绳、揽风绳的设置方式。

(3) 详细描述逐节调整、校正的要求。

(4) 明确吊车站位、吊车、吊具选择计算过程。吊装重量需考虑吊件、吊具等重量；应给出选用工况下吊车、吊具安全系数，必要时以附件形式提供详细计算过程；应附图明确吊车的站位、吊车臂的高度和朝向等。

（5）合成纤维吊带的使用应符合《编织吊索 安全性 第1部分：一般用途合成纤维扁平吊装带》（JB/T 8521.1—2007）、《编织吊索 安全性 第2部分：一般用途合成纤维圆形吊装带》（JB/T 8521.2—2007）、《国家电网公司电力安全工作规程 变电部分》（Q/GDW 1799.1—2013）的相关要求，钢丝绳的使用应符合《钢丝绳通用技术条件》（GB 20118—2017）及《钢丝绳吊索 使用和维护》（GB/T 39480—2020）的相关要求。

（6）明确吊装完成后检验项目及检验方法。

14．"5.6 横梁吊装"

该部分作为本方案主要内容，安全风险等级最高。其控制要点应与构架柱吊装保持一致，此外还需注意以下事项。

（1）横梁重量计算时应考虑端部斜撑的重量。

（2）应明确横梁就位安装的方法，包括端部斜撑安装的内容。

15．"5.7 地线柱及避雷针吊装"

此道工序亦可在横梁吊装前完成，该部分注意吊车和吊具选用、吊点选择等，同时注意高空作业安全措施。

16．"5.8 螺栓紧固、补漆、二次灌浆及接地安装"

应明确各型号螺栓的紧固力矩值，构架柱开始组装的当天需完成防雷接地，注意局部补漆及二次灌浆后的成品保护措施。

17．"5.9 验收"

应明确验收标准和验收要求。验收标准应包括《1000kV 构支架施工及验收规范》（GB 50834—2013）和《变电换流站土建工程施工质量验收规范》（Q/GDW 1183—2012）等。

18．"6.1 质量控制措施"

应从进货检验、地面组装、构件起吊、成品验收等方面分别明确相应的质量控制措施。

19．"6.2 质量强制性条文"

按照《输变电工程建设标准强制性条文实施管理规程》（Q/GDW 10248—2016）编制强制性条文清单，在施工过程中逐条落实。

20．"6.3 质量通病防治措施"

根据《国家电网公司输变电工程质量通病防治工作要求及技术措施》要求编写，结合工程实际，编制对应质量通病防治措施。

21．"6.4 标准工艺应用"

按照《国家电网公司输变电工程标准工艺》、结合工程实际编制标准工艺应用清单。

22．"7 安全控制"

应包括施工用电、起重作业、交叉作业、高处作业、特殊天气作业等安全措施（临近带电还应包括临近带电作业安全要求）。应详细编制成品保护措施等。

23. "8 环境保护"

按照国家环境保护的有关规定编写，有针对性地制定环境保护措施，包括噪声防治措施、大气污染防治措施、固体废弃物防治措施等，应满足工程创优、绿色施工要求。

24. "9 应急预案"

应明确高处坠落、机械伤害、物体打击、恶劣天气等应急情况下的应急措施，应明确应急救援队名单及预防应急措施。

25. "10 附件"

主要包括但不限于起重机性能参数表、编织吊索极限工作载荷、钢丝绳参数表、构架地面组装排杆图、吊车行走路线图、吊车起重站位图等相关附件。

26. 扩建工程注意事项

(1) 建议为临近带电的施工人员配备绝缘服、绝缘手套、绝缘鞋、绝缘工具等。

(2) 核实构架柱、构架梁吊装时吊车的安全距离，特别是临时拉线位置是否满足安全距离要求。

(3) 应明确构架梁与构架柱等电位线的连接方式。

三、 现场实施与监督检查要点

1. 准备工作

(1) 构架出厂前应在厂内进行试组装，业主、物资、监理、设计、施工和供货厂家同时参与试组装验收。

(2) 作业前完成设计交底及施工图会检、仪器校对、基础螺栓复核、施工方案编审及人员交底培训等内容。

2. 设备进场

(1) 构架进场检验应符合下列要求：

1) 制造厂应按《1000kV 构支架施工及验收规范》（GB 50834—2013）要求提供全套技术文件；

2) 构件的型号、规格、数量、尺寸应符合设计要求；

3) 构件应无弯曲、焊缝开裂，镀锌层色泽应一致、无损伤；

4) 单节钢管弯曲矢高偏差应控制在 $L/1500$（L 为单件长度），且不应大于 5mm；

5) 单个构件长度偏差应控制在 ±3mm 内。

(2) 现场应严格按审查后的施工方案施工，根据施工方案配备经检验合格的机械设备和工器具。应根据吊件重量的最大值、起吊高度最大值及起吊半径，选择安全裕度满足规范要求的起重机械。

(3) 钢构件进场前应合理规划堆放场地，构件存放场地应平整、坚实、无积水；构件应按种类、型号、安装顺序分区存放；底层垫枕应有足够的支承面，并应防止支点下沉；构件叠放时，各层构件的支点应在同一垂直线上，并不应超过三层。螺栓进场时，针对的存放及领用，确定螺栓存放地点，安排专人进行螺栓登记入库、分类存放、领用回收等相关工作。

3. 组装过程

（1）构架柱、梁地面组装应严格按照图纸和施工方案进行组装，组装前应仔细检查构件编号、型号和螺栓规格；构件的支垫处应平整、坚实，并根据构件长度和重量设置支点。

（2）构架柱组装底部第一段宜单根或分片，上部各段宜分片或分段，组装时应先主材后腹杆，组装完成后应检查结构尺寸和螺栓规格，对高强螺栓应按图纸要求的型号逐个检查。

（3）构架梁组装时宜遵循先下弦后上弦、先主材后腹杆的组装顺序，组装完成后应按设计要求检查梁的起拱高度、长度，核对挂线节点位置。

（4）构架柱吊装应符合以下要求：

1）吊点绑扎处，应采取保护措施，防止构件表面损伤；

2）构架柱吊装应试吊，待构件吊离地面约 10cm 时，停止起吊，经检查确定无误后，方可继续起吊；

3）底段组立后应检查结构尺寸、轴线、垂直度、标高，符合要求后方可吊装上段；

4）构架柱各段安装就位后应检查垂直度，合格后，方可进行构架梁的施工；

5）构架柱底段就位后，必须及时进行接地连接。

（5）构架梁吊装应符合以下要求：

1）应采用起重机械整体起吊；

2）起吊前应测量两柱之间的安装距离，与构架梁的实际安装尺寸进行校核；

3）起吊前应在构架梁两端绑扎控制绳，控制构架梁的方向，引导构架梁就位；

4）构架梁应进行试吊，待吊离地面约 10cm 时，停止起吊，经检查确定无误后，方可继续起吊；

5）构架梁就位后，调整构架柱的垂直度及构架梁位置符合设计要求时，紧固连接螺栓。

（6）螺栓应用力矩扳手紧固，螺栓安装方向宜统一为自下而上、由内向外；构架梁的弦杆法兰螺栓安装方向宜朝向一致。螺栓的紧固力矩应符合《1000kV 构支架施工及验收规范》（GB 50834—2013）的规定。螺栓不宜过长或过短，以拧紧后露出 2～3 扣为宜。

（7）雷雨、大雾、六级及以上大风等恶劣气候，或者夜间、指挥人员看不清工作地点、操作人员看不清指挥信号时，不得进行起重作业。

（8）吊装所用机具、车辆、工器具及安全用具应经检验合格后使用；吊车吊装工作位置，行驶道路应平整坚实，严禁超载吊装；吊装前应检查绑扎点、吊具、地锚、拉线及补强措施等正确无误。

（9）吊装过程中，应设有安全监护人，专责指挥现场人员及吊车。特殊工种须持证上岗。

4. 验收

构架施工质量应符合以下要求：

1）构架梁断面尺寸偏差 ≤±10mm；

2）构架梁最外两端安装螺栓孔距离偏差 ≤±20mm；

3）挂线板中心位移 ≤10mm；

4）梁起拱偏差：设计要求起拱时 ±L/5000，设计未要求起拱时 0～L/2000；

5）梁底标高偏差 ≤±20mm；

6）构架柱根开偏差 ≤±7mm；

7）构架柱断面尺寸偏差 ≤±10mm；

8）构架柱垂直度 ≤H/1500 且≤40mm。

第二节 主变压器、高压电抗器安装施工方案

一、 施工方案推荐目录

1 编制说明

1.1 适用范围

1.2 编制依据

2 概况

2.1 工作内容

2.2 设备的主要技术参数

2.3 施工特点与难点

3 施工进度计划

3.1 设备供应计划

3.2 施工进度计划

4 施工准备

4.1 施工人员准备

4.1.1 人员组成

4.1.2 职责分工

4.2 施工技术准备

4.3 施工场地准备

4.3.1 临时电源

4.3.2 安装区域布置

4.3.3 集中滤油场布置

4.4 施工机械、工器具准备

5 施工工艺流程及操作要点

8　环境保护

8.1　施工产生固体废弃物分类

8.2　固体废弃物控制措施

8.3　专项措施

9　应急预案

9.1　应急组织机构

9.2　应急处置措施

9.3　处置方案

9.4　应急指挥小组职责

9.5　应急救援队伍职责

9.6　救援工作程序

9.7　应急器材

9.8　应急救援联络方式

9.9　应急救援路线图

10　附件

二、施工方案编制和审查要点

1. "3 施工进度计划"

(1) 宜增加设备供应计划，直观体现安装前到货保障情况。

(2) 施工进度计划应完善，宜增加横道图，体现安装进度。

2. "4.3 施工场地准备"

(1) 必要前序工作完成：主变压器构架组立完成，主变压器高、中压侧软母线架设完成，线路终端塔与 1000kV 进线构架之间的跨线安装完成，施工作业周围场地硬化及净化已完成。

(2) 施工作业平面总平面布置图中应明确 1000kV 套管、出线装置、油枕与散热片存放位置。扩建工程还应注明与运行区域距离，是否满足安全距离要求。

(3) 应采用全封闭式滤油系统，滤油区应设围栏，优化油罐摆放位置，应考虑滤油区消防布置，应有专人 24h 值守。

(4) 应明确滤油系统使用前的清洁方法。

(5) 油罐、滤油机等均应可靠接地。

(6) 应注明临时用电通道设置情况，宜图像示意平面布置图。

(7) 明确临时用电负荷、电流等情况，确认电缆压降满足要求。

(8) 明确现场消防及安全文明布置。

3. "4.4 施工机械、工器具准备"

(1) 滤油管道应使用钢管或尼龙管，不得使用普通橡胶管，使用耐油橡胶管时，必须进行试验证明橡胶管不污染变压器油，并有第三方出具的试验证明书备查。

（2）现场机械性能表应附后。

（3）相关工器具应完成报审并具有合格证、说明书等。

（4）机械机具一览表中，应写明真空滤油机、真空泵与干燥空气发生器等设备主要参数。

（5）明确厂家是否提供专用吊具。

4. "5 施工工艺流程及操作要点"

（1）在满足标准规范的前提下，应按厂家标准执行各项工作。不同厂家器身检查的条件及暴露在空气中的时间要求不同，抽真空、真空注油、热油循环、静置等作业工序的技术要求不同，应提前确认厂家技术要求，并与标准规范对比，形成技术要求对比表，列明差异情况，明确现场执行标准。

（2）应有主要阀门编号示意图，并对照列表表示安装、抽真空、注油、补油、热油循环、密封试验、投运前等过程对应的阀门状态。

5. "5.1 施工工艺流程图"

应包括调压补偿变和主体变作业流程。

6. "5.3 开箱检查、保管、送检和试验"

（1）应对变压器/电抗器就位时的方向、基础与设备中心偏差进行校核。

（2）应明确厂家对运输过程中压力和冲击记录的要求，在满足国标要求下按厂家标准执行，记录应归档。

（3）明确需要送检附件的名称、数量，包括瓦斯继电器、温度计、压力释放阀等。

（4）应增加运行方作为现场到货验收及开箱检查人员。

（5）明确内部和附件是充氮气还是干燥空气。

（6）明确设备到厂后箱底残油取样过程。

7. "5.4 绝缘油验收与处理"

应满足《1000kV电力变压器、油浸电抗器、互感器施工及验收规范》（GB 50835—2013）、《1000kV系统电气装置安装工程电气设备交接试验标准》（GB/T 50832—2013）及《国家电网公司十八项电网重大反事故措施》要求。应做好新油试验，阐述具体的过滤方法，明确合格绝缘油指标（特别是颗粒度）和残油试验要求。采用油罐运输，应明确油样取样次数。绝缘油到场后厂家应提供出厂前油样相关试验和检测报告。

8. "5.5 器身检查前的部分附件安装"

（1）应包括各种支架、油管、散热器、储油柜等附件的安装。各附件应有外形尺寸、重量及安装位置等内容，宜配图说明。其中，储油柜、散热器吊装应有吊点、吊具选择、吊车站位图、吊车特性表等。

（2）应与变压器/电抗器厂家确认散热器到现场后是否需要使用合格绝缘油清洗。若在出厂前已完成冲洗，应提供冲洗合格证明。

（3）厂家提供的所有安装螺栓均应为热浸镀锌螺栓，严禁使用电镀锌螺栓，应明确所有规格螺栓的紧固力矩值。

（4）抽真空前若厂家要求不安装气体继电器，由厂家提供气体继电器过渡工装。厂家如有特殊要求，按照厂家要求执行。

（5）储油柜安装应写明内部胶囊试漏过程。

（6）压力释放阀等设备的安装顺序应按照厂家要求执行。

9."5.6 器身检查"及"5.7 器身检查过程中进行的附件安装"

（1）器身检查及器身检查过程中进行的附件安装应尽量控制在一天内完成。须同制造厂确定器身暴露累计时间计算方法及变压器/电抗器防潮与保管措施。

（2）须与设备厂家确认是否需做残油试验及试验标准。

（3）应明确防止工器具遗漏的措施。

（4）应明确防尘措施。

10."5.7 器身检查过程中进行的附件安装"

（1）应与变压器/电抗器厂家确认高压套管安装前的试验是否需要采用临时套管竖立支架。

（2）高压出线装置、升高座、高压套管的安装应对吊车、吊点和吊具进行受力计算，并附吊车站位图、吊车特性表等。

（3）应明确高压套管专用工装拆除措施。

（4）应对所有规格螺栓紧固力矩值进行描述。

（5）各套管安装前应与运行、厂家一起明确套管油位指示计的朝向。相同型号变压器同一位置套管油位指示计朝向应一致。

（6）变压器油在线检测仪的取样阀门应由主设备厂家提供或由其指定型号。

（7）安装完成后应对铁芯、夹件进行绝缘测试。

11."5.8 抽真空"

应与厂家确认哪些设备不能抽真空，抽真空时胶囊的注意事项，确认各阀门位置状态，确认抽真空速率及泄漏率，记录真空值和本体变形情况。

12."5.10 热油循环"

应明确保温措施，当环境温度低时应与设备厂家确认散热器分批投入循环的操作要求。完成后应再次对铁芯、夹件进行绝缘测试。

13."5.11 整体密封性试验"

应明确试验方法，试验压力值等。

14."5.13 常规（一般）交接试验"

试验符合《1000kV 系统电气装置安装工程电气设备交接试验标准》（GB/T 50832—2013）、《1000kV 交流特高压变压器局部放电现场测量导则》（Q/GDW 1966—2013）和《1000kV 电气装置安装工程电气设备交接试验规程》（Q/GDW 10310—2016），常规试验需施工单位单独编制方案，特殊交接试验须由承担单位编制试验方案，方案中只列试验项目清单。考虑到变压器/电抗器安装工作与相关试验工作之间的逻辑性。主接地引下导通试验合格后，方可制作本体接地。

15. "5.15 设备一次引线连接"

（1）应明确变压器三侧一次引线连接图。

（2）应与设备厂家明确变压器/电抗器高、中、低压套管自带过渡金具与套管连接的紧固力矩和导电脂涂抹要求。

16. "5.16 验收"

应包括变压器/电抗器安装完成后的整体验收与投运前检查。

三、 现场实施与监督检查要点

（一）主要检查依据

1. 《1000kV 电力变压器、油浸电抗器、互感器施工及验收规范》（GB 50835—2013）

2. 《1000kV 系统电气装置安装工程电气设备交接试验标准》（GB/T 50832—2013）

3. 《1000kV 输变电工程竣工验收规范》（GB 50993—2014）

4. 《1000kV 变电站电气设备施工质量检验及评定规程》（DL/T 5312—2013）

5. 《1000kV 电力变压器、油浸电抗器施工工艺导则》（Q/GDW 193—2008）

6. 《1000kV 电力变压器、油浸电抗器施工及验收规范》（Q/GDW 192—2008）

7. 《1000kV 电气装置安装工程电气设备交接试验规程》（Q/GDW 310—2009）

8. 《1000kV 变电站电气设备施工质量检验及评定规程》（Q/GDW 10189—2017）

9. 《110（66）～1000kV 油浸式电力变压器技术条件》（Q/GDW 11306—2014）

10. 《1000kV 电力变压器关键部件施工工艺导则》（Q/GDW 11906—2018）

11. 《1000kV 系统用油浸式变压器技术规范》（Q/GDW 312—2009）

（二）现场实施与监督检查要点

1. 准备工作

（1）防火墙已施工完成；主变压器构架及耐张软母线已安装完成，且通过验收，主变压器高中压侧架空线安装完成如图 3-1 所示；电抗器零档线已完成施工，且通过验收，高压电抗器终端塔线路架设完成如图 3-2 所示。

图 3-1 主变压器高中压侧架空线安装完成　　　图 3-2 高压电抗器终端塔线路架设完成

（2）集中滤油区域已布置完成，集中滤油场如图 3-3 所示，油罐放置区域的地基处理可靠，油罐底部垫成坡状；储油量满足施工要求，油罐接地、消防设施满足要求；集中滤油区域机具放置整齐、有序，利于操作。

（3）油罐内侧壁、底部及顶面清理干净，无死角；进出口管道内部无污垢、锈迹。

（4）附件堆放妥当，1000kV 套管、出线装置存放场地已明确。

（5）施工区域隔离、防尘措施已完成。

2. 设备进场

（1）充气运输的变压器/高压电抗器油箱内压力值在规定的允许压力值范围内（0.01～0.03MPa）；冲击记录值在规定允许范围内（冲击加速度≤3g，当合同技术条件有特殊要求时，应符合特殊要求）；变压器/高压电抗器油箱有无渗漏，密封良好。

图 3-3 集中滤油场

（2）设备在保管期间应每天巡视一次并记录压力值，压力值应保持在 0.01～0.03MPa 范围内；当 3 个月内不能安装时，处理方式应符合如下要求：

1）油箱密封情况应经过检查；

2）应对变压器内绝缘油进行抽样试验，击穿电压≥60kV/2.5mm，含水量≤10mg/L，介质损耗因数≤0.5%（90℃）；

3）应安装储油柜及吸湿器；

4）应每天巡视一次并记录压力值，压力值应保持在 0.01～0.03MPa。

（3）主变压器本体就位方向、基础和设备中心线偏差满足要求。

（4）特高压套管、出线装置运输重量已明确，选用吊车满足要求；附件摆放位置符合方案要求；附件齐全、外观完好无损；须送检附件已全部送检并检验合格。

（5）新油到货数量与质量满足设备合同要求，包括含水量、电气强度、颗粒度等。

（6）真空滤油机的作业能力满足变压器/高压电抗器安装要求，主要指标如下：

1）标称流量应达到 6000L/h 至 12000L/h；

2）应具有两级真空功能，真空泵能力宜＞1500L/min，机械增压泵能力宜＞280m³/h，运行真空宜≤67Pa；

3）加热器应分组，运行油温应控制在 20℃～80℃范围内；

4）滤油机过滤能力宜达到击穿电压≥75kV/2.5mm，含水量≤5mg/L，含气量≤0.1%（V/V），杂质≤0.5μm，应无 100μm 以上的颗粒，5～100μm 的颗粒≤1000 个/100ml，真空滤油机需具备自循环功能。

（7）真空机组（极限真空度）的作业能力满足变压器/高压电抗器安装要求安装要求。真空机组性能指标满足以下要求：

1）采用真空泵加机械增压泵形式，极限真空残压≤0.5Pa；

2）真空泵能力宜＞10000L/min，机械增压泵能力宜＞2500m³/h，持续运行真空残压宜≤13Pa；

3）宜有1～3个独立接口；

4）真空连接管道直径应≥50mm，连接长度不应大于20m。

（8）每个油罐都经过合格的绝缘油清洗，每个油罐内绝缘油都能过滤到合格标准。

（9）所有施工机械、储油装置均可靠接地。

（10）对于PV厂家的1000kV高压套管，现场严禁操作套管阀门。

3. 安装过程

（1）调压补偿变应提前安装完成。

（2）绝缘油过滤（取样数量、取样位置、合格标准）满足相关规程要求。

（3）随时关注天气变化，选择适宜天气条件下进行器身内检；凡雨、雪、风（四级以上）和相对湿度75％以上的天气不得进行器身内检。充氮气运输的变压器、电抗器应抽真空排氮，至真空残压小于1000Pa时，用露点低于－40℃的干燥空气解除真空；变压器、电抗器在器身检查前，应用露点低于－40℃的干燥空气充入本体内，补充干燥空气速率应符合产品技术文件要求。

（4）本体露空安装附件的作业行为满足标准要求：

1）环境相对湿度应小于80％，在安装过程中应向箱体内持续补充露点低于－40℃的干燥空气，补充干燥空气的速率应符合产品技术文件要求；

2）每次宜只打开1处封口，并用塑料薄膜覆盖，器身连续露空时间不宜超过8h；

3）每天工作结束应抽真空补充干燥空气直到压力达到0.01～0.03MPa，持续抽真空时间符合产品技术文件要求；

4）累计露空时间不宜超过24h；

5）密封面处理、升高座安装前的电流互感器交接试验、高压套管安装前试验等。

（5）出线装置应按照厂家技术文件要求设置吊点，应考虑吊装平衡，安装时应搭设操作平台。

（6）器身检查作业行为和检查项目满足《1000kV电力变压器、油浸试电抗器施工工艺导则》（Q/GDW 193—2008）要求：

1）变压器/电抗器本体内部含氧量低于18％时，检查人员严禁进入；在内检过程中必须向箱体内持续补充干燥空气，并保持内部含氧量不低于18％。

2）变压器/电抗器本体内部含氧量需满足《国家电网有限公司电力建设安全工作规程　第1部分：变电》（Q/GDW 11957.1—2020）中"7.2.4有限空间作业现场的氧气含量应在19.5％～23.5％"。

（7）本体抽真空作业行为（真空残压、抽真空时间）满足标准要求：

1）真空残压和持续抽真空时间应符合产品技术文件要求；

2）当无要求时，真空残压≤13Pa的持续抽真空时间不得少于48h，或真空残压≤13Pa累计抽真空时间不得少于60h；

3）计算累计时间时，抽真空间断次数不应超过两次，间断时间不应超过 1h。

（8）真空注油前绝缘油质量应满足标准要求：

1）击穿电压≥70kV/2.5mm，含水量≤8mg/L，含气量≤0.8%（V/V），介质损耗因数≤0.5%（90℃）；

2）应无 100μm 以上的颗粒，5～100μm 的颗粒≤1000 个/100ml。

（9）注油作业行为满足要求：

1）真空残压≤20Pa、滤油机出口油温应在 55℃～65℃；

2）注入的油温宜高于器身温度、注油速度不宜大于 100L/min；

3）真空注油全过程真空滤油机进、出油管不得在露空状态切换。

（10）热油循环的作业行为应满足如下标准要求：

1）热油循环过程中，滤油机加热脱水缸中的温度应控制在 65±5℃范围内；

2）热油循环时间按有关规范要求及厂家技术文件（以其中最高标准为准）执行，且热油循环油量不应少于 3 倍变压器/电抗器总油量；

3）热油循环结束后，应关闭注油阀门，静置 48h 后开启变压器/电抗器所有组件、附件及管路的放气阀多次排气，当有油溢出时，立即关闭放气阀。

（11）整体密封检查应按照产品技术文件要求进行。

（12）变压器/电抗器注油完毕后，在施加电压前，其静置时间不应少于 120h。

（13）常规试验项目应齐全，试验结果满足标准要求。

（14）施工过程中应有设备防渗油、防漏油措施。

（15）确认变压器设备引接线方式满足符合设计要求。

（16）风扇试验启动时无异响，无零件脱落。

4. 投运前检查

（1）阀门状态正确，储油柜和充油套管的油位正常。

（2）所有接地引下线导通试验合格（本体、铁芯、夹件、中性点等），备用电流互感器二次端子短接接地。

（3）各类跨接接地齐全、正确。

（4）变压器/高压电抗器的整体检查完成（阀门位置、储油柜及套管油位、分接开关位置及指示、高压套管末屏接地、呼吸器、电流互感器二次端子、安全距离等）。

第三节　换流站中换流变压器安装施工方案

一、施工方案推荐目录

1　编制说明

1.1 适用范围

1.2 编制依据

2 概况

2.1 工作内容

2.2 设备的主要技术参数

2.3 施工特点与难点

3 施工进度计划

4 施工准备

4.1 施工人员准备

4.1.1 人员组成

4.1.2 职责分工

4.2 施工技术准备

4.3 施工场地准备

4.3.1 临时电源

4.3.2 安装区域布置

4.3.3 集中滤油场布置

4.4 施工机械、工器具准备

5 施工工艺流程及操作要点

5.1 施工工艺流程图

5.2 基础验收和复测

5.3 开箱检查、保管、送检和试验

5.4 绝缘油验收与处理

5.5 器身检查前的部分附件安装

5.6 器身检查

5.7 器身检查过程中进行的附件安装

5.7.1 升高座安装

5.7.2 阀侧套管安装

5.7.3 网侧及中性点套管安装

5.7.4 其他附件安装

5.8 抽真空

5.9 真空注油

5.10 热油循环

5.11 整体密封性试验

5.12 静置

5.13 常规（一般）交接试验

5.13.1 整体试验

5.14 电缆敷设及二次接线

5.15 设备一次引线连接

5.16 验收

6 质量控制

6.1 质量控制措施

6.2 质量强制性条文

6.3 质量通病防治措施

6.4 标准工艺应用

7 安全控制

7.1 安全控制措施

7.2 施工安全风险动态识别、评估及预控措施

7.3 安全强制性条文

7.4 文明施工及成品保护

8 环境保护

9 应急预案

10 附件

二、 施工方案编制和审查要点

1."4.1.2 职责分工"

应明确各岗位职责分工，并明确施工单位和设备厂家的分工界面（换流变压器安装分工界面应附附件）。

2."4.3 施工场地准备"

（1）必要前序工作完成：换流变压器进线构架、汇流母线塔组立完成，汇流母线架设完成，施工作业周围场地硬化及净化已完成。

（2）施工作业平面总平面布置图中应明确阀侧套管、网侧套管、中性点套管与升高座存放位置。

（3）应采用全封闭式滤油系统，滤油区应设围栏，应考虑滤油区消防布置，应有专人 24h 值守。

（4）应明确滤油系统使用前的清洁方法。

（5）油罐、滤油机等均应可靠接地。

（6）应注明临时用电通道设置情况。

3."4.4 施工机械、工器具准备"

（1）滤油管道应使用钢管或尼龙管，不得使用普通橡胶管，使用耐油橡胶管时，必须进行试验证明橡胶管不污染变压器油，并有第三方出具的试验证明书备查。

（2）应列表示意，并标注拟投入的施工机械、工器具的数量与规格型号或主要的技术参数。

（3）应包括吊车选择、吊具选择、套管吊装专用工装、吊装方法、安全裕度等，复杂的计算过程可放入附件中，套管台吊方案应经过专项计算。

（4）应重点审查升降车、吊车、尼龙吊带、卸扣、真空泵、滤油机、干燥空气发生器、油罐、充气装置及检漏装置等的数量是否满足工期要求。现场必须配置废油罐。

（5）现场宜配置油化试验室。

4."5 施工工艺流程及操作要点"

（1）各项工作应在满足标准规范的前提下按厂家标准执行。不同厂家器身检查的条件及暴露在空气中的时间要求不同，抽真空、真空注油、热油循环、静置等作业工序的技术要求不同，应提前确认厂家技术要求，并与标准规范对比，形成技术要求对比表，列明差异情况，明确现场执行标准。

（2）应有主要阀门编号示意图，并对照列表表示安装、抽真空、注油、补油、热油循环、密封试验、投运前等过程对应的阀门状态。

5."5.1 施工工艺流程图"

应包括牵引就位作业流程，牵引就位应有专篇方案阐述相关要点。

6."5.3 开箱检查、保管、送检和试验"

（1）应对换流变就位时的方向、基础与设备中心偏差进行校核。

（2）应明确厂家对运输过程中压力和冲击记录的要求，在满足国标要求下按厂家标准执行，记录应归档。

（3）应明确需要送检附件的名称、数量，包括瓦斯继电器、温度计、压力释放阀等。

7."5.4 绝缘油验收与处理"

应满足《±800kV换流站换流变压器施工及验收规范》（Q/GDW 1220—2014）、《±800kV高压直流设备交接试验》（DH/T 274—2012）及《国家电网公司十八项反事故措施》要求。应做好新油试验，阐述具体的过滤方法，明确合格绝缘油指标（特别是颗粒度）和残油试验要求。

8."5.5 器身检查前的部分附件安装"

（1）应包括各种支架、油管、散热器、储油柜等附件的安装。其中，储油柜、散热器吊装应有吊点、吊具选择、吊车站位图、吊车特性表等。

（2）应与换流变压器厂家确认散热器到现场后是否需要使用合格绝缘油清洗。

（3）厂家提供的所有安装螺栓均应为热浸镀锌螺栓，严禁使用电镀锌螺栓，应明确所有规格螺栓的紧固力矩值。

（4）抽真空前应不应安装气体继电器，按照厂家要求执行。

9. "5.6 器身检查"及"5.7 器身检查过程中进行的附件安装"

（1）器身检查及器身检查过程中进行的附件安装应尽量控制在一天内完成。须同制造厂确定器身暴露累计时间计算方法及换流变压器防潮与保管措施。

（2）须与设备厂家确认是否需做残油试验及试验标准。

（3）应明确防止工器具遗漏的措施。

（4）应明确防尘、防雨措施。

10. "5.7 器身检查过程中进行的附件安装"

（1）应与换流变压器厂家确认套管安装前的试验是否需要采用临时套管竖立支架。

（2）升高座、阀侧、网侧及中性点套管的安装应对吊车、吊点和吊具进行受力计算，并附吊车站位图、吊车特性表等。

（3）应明确套管吊装专用工装拆除措施。

（4）应对所有规格螺栓紧固力矩值进行描述。

（5）各套管安装前应与运行、厂家一起明确套管油位指示计的朝向。相同型号变压器同一位置套管油位指示计朝向应一致。

（6）换流变压器油在线检测仪的取样阀门应由主设备厂家提供或由其指定型号。

11. "5.10 热油循环"

应明确保温措施，当环境温度低时应与设备厂家确认散热器分批投入循环的操作要求，热油循环工艺参数应与厂家核实确定。

12. "5.11 整体密封性试验"

应明确试验方法，试验压力值等。

13. "5.13 常规（一般）交接试验"

试验应符合《电气装置安装工程电气设备交接试验标准》（GB 50150—2016）、《±800kV 高压直流设备交接试验》（DH/T 274—2012）、《±800kV 及以下换流站换流变压器施工及验收规范》（GB 50776—2012）、《±800kV 换流站换流变压器施工及验收规范》（Q/GDW 1220—2014），常规试验需施工单位单独编制方案，特殊交接试验须由承担单位编制试验方案，方案中只列试验项目清单。考虑到换流变压器安装工作与相关试验工作之间的逻辑性。应在主接地引下导通试验合格后，方可制作本体接地。

14. "5.15 设备一次引线连接"

（1）应明确换流变压器各侧一次引线连接图。

（2）应与设备厂家明确换流变压器各侧套管自带过渡金具与套管连接的紧固力矩和导电脂涂抹要求。

15. "5.16 验收"

应包括换流变压器安装完成后的整体验收与投运前检查。

16. "6.2 质量强制性条文"

编制强制性条文清单，在安装过程中应逐条落实。

17. "6.3 质量通病防治措施"

应根据厂家质量工艺要求及《输变电工程质量通病防治手册》（2020版）要求编写。

18. "6.4 标准工艺应用"

应编制标准工艺应用清单。

19. "7 安全控制"

应包括施工用电安全、吊车吊具使用安全措施。应详细编制成品保护措施，包括基础成品、设备、瓷件等。

20. "8 环境保护"

应按照国家环境保护的有关规定编写，制定有针对性的环境保护措施，包括防油污染措施（含残油处理），噪声控制措施，废弃物的处理等。

21. "10 附件"

附件主要包括如下内容：

（1）现场阀侧、网侧、中性点套管安装、升高座安装等起重作业的受力计算分析，包括起重机械特性表；

（2）安装单位与换流变压器设备厂家现场安装的分工界面协议。

三、 现场实施与监督检查要点

（一）主要检查依据

1.《电气装置安装工程电气设备交接试验标准》（GB 50150—2016）

2.《±800kV 高压直流设备交接试验》（DH/T 274—2012）

3.《±800kV 及以下换流站换流变压器施工及验收规范》（GB 50776—2012）

4.《±800kV 换流站换流变压器施工及验收规范》（Q/GDW 1220—2014）

（二）现场实施与监督检查要点

1. 准备工作

（1）防火墙应已施工完成；换流变压器进线构架、汇流母线塔组立已安装完成，且通过验收；汇流母线架设已完成施工，且通过验收，换流变压器进线构架、汇流母线塔组立、汇流母线架设完成如图 3-4 所示。

（2）集中滤油区域应已布置完成，集中滤油场如图 3-5 所示，油罐放置区域的地基处理应可靠，油罐底部垫成坡状；储油量应满足施工要求，油罐接地、消防设施满足要求；集中滤油区域机具放置应整齐、有序，利于操作。

（3）油罐内侧壁、底部及顶面应清理干净，无死角；进出口管道内部应无污垢、锈迹。

（4）附件堆放应妥当，阀侧、网侧、中性点套管、升高座存放场地已明确。

图 3-4　换流变压器进线构架、汇流母线塔组立、汇流母线架设完成

（5）施工区域应隔离、防尘措施已完成。

2. 设备进场

（1）充气运输的换流变压器油箱内压力值应在规定的允许压力值范围内（0.01～0.03MPa）；冲击记录值应在规定允许范围内（冲击加速度≤3g，当合同技术条件有特殊要求时，应符合特殊要求）；换流变压器油箱应无渗漏，密封良好。

图 3-5　集中滤油场

（2）设备在保管期间应每天巡视一次并记录压力值，压力值应保持在0.01～0.03MPa范围内；当3个月内不能安装时，处理方式应符合规程要求：油箱密封情况应经过检查；应对变压器内绝缘油进行抽样试验并合格；应安装储油柜及吸湿器；应每天巡视一次并记录压力值，压力值应保持在0.01～0.03MPa范围内。

（3）换流变压器本体就位方向、基础和设备中心线偏差应满足要求。

（4）各侧套管、升高座运输重量应已明确，选用吊车满足要求；附件摆放位置应符合方案要求；附件齐全、外观应完好无损；须送检附件应已全部送检并检验合格。

（5）新油到货数量与质量应满足设备合同要求，包括含水量、电气强度、颗粒度等。

（6）真空滤油机的作业能力应满足换流变压器安装要求，主要指标满足相关设计、技术文件要求。

（7）真空机组（极限真空度）的作业能力满足换流变压器安装要求安装要求。真空机组性能主要指标满足相关设计、技术文件要求。

（8）每个油罐都应经过合格的绝缘油清洗，每个油罐内绝缘油应都能过滤到合格标准。

（9）所有施工机械、储油装置均应可靠接地。

3. 安装过程

（1）Box-in设备应提前安装完成。

（2）绝缘油过滤（取样数量、取样位置、合格标准）应满足相关规程要求。

（3）需提前与当地气象台联系，选择适宜天气条件下进行器身内检；凡雨、雪、风（四级以上）和相对湿度75％以上的天气不得进行器身内检。充氮气运输的变压器、电抗器应抽真空排氮，至真空残压小于1000Pa时，用露点低于－40℃（不同厂家参照不同技术要求）的干燥空气解除真空；变压器、电抗器在器身检查前，应用露点低于－40℃（不同厂家参照不同技术要求）的干燥空气充入本体内，补充干燥空气速率应符合产品技术文件要求。

（4）本体露空安装附件的作业行为应满足下面标准要求：

1）环境相对湿度要求，补充干燥空气的露点、速率应符合产品技术文件要求；

2）每天工作结束应抽真空补充干燥空气直到压力达到0.01～0.03MPa，持续抽真空时间符合产品技术文件要求；

3）累计露空时间应符合厂品技术文件要求；

4）密封面处理、升高座安装前应完成电流互感器交接试验、高压套管安装前试验等。

（5）升高座应按照厂家技术文件要求设置吊点，应考虑吊装平衡，安装时应搭设操作平台。

（6）器身检查作业行为和检查项目应满足《±800kV及以下换流站换流变压器施工及验收规范》（GB 50776—2012）要求：换流变压器本体内部含氧量低于19.5％时，检查人员严禁进入；在内检过程中必须向箱体内持续补充干燥空气，并保持内部含氧量不低于19.5％。

（7）本体抽真空作业行为（真空残压、抽真空时间）应满足产品技术文件要求。

（8）真空注油前绝缘油质量应满足产品技术文件要求。

（10）热油循环的作业行为应满足标准要求：

1）热油循环过程中，滤油机加热脱水缸中的温度应控制在产品技术文件要求范围内；

2）热油循环时间应不少于48h，且热油循环油量不应少于3倍换流变压器总油量；

3）热油循环结束后，应关闭注油阀门，静置达到产品技术文件要求时间后开启变压器/电抗器所有组件、附件及管路的放气阀多次排气，当有油溢出时，立即关闭放气阀。

（11）整体密封检查应按照产品技术文件要求进行。

（12）换流变压器注油完毕后，在施加电压前，其静置时间应根据不同厂家产品技术文件要求进行。

（13）常规试验项目应齐全，试验结果满足标准要求。

（14）施工过程中应有设备防渗油、防漏油措施。

（15）确认换流变压器设备引接线方式应满足符合设计要求。

（16）风扇试验启动时应无异响，无零件脱落。

4. 投运前检查

（1）阀门状态应正确，储油柜和充油套管的油位应正常。

（2）所有接地引下线应导通试验合格（本体、铁芯、夹件、中性点等），备用电流互感器二次端子应短接接地。

（3）各类跨接接地应齐全、正确。

（4）换流变压器的整体检查应完成（阀门位置、储油柜及套管油位、分接开关位置及指示、套管末屏接地、呼吸器、电流互感器二次端子、安全距离）。

第四节　换流阀及阀冷系统安装施工方案

一、 施工方案推荐目录

10.5 现场勘察记录

二、 施工方案编制和审查要点

1. "1.1 编制依据"

编制依据应为国家、行业、企业最新的规程规范要求，且无过期情况。

2. "3.1 技术准备"

（1）安装阀塔、阀冷设备之前阀厅、阀冷设备间内土建工作应全部完成。阀塔吊装过程中，如果换流变压器尚未安装，则换流变压器进线套管位置的开敞式窗口应做好有效的封堵，避免灰尘进入，保持阀厅整洁。进入阀厅设置过渡间，如图 3-6 所示。

图 3-6 进入阀厅设置过渡间

（2）在换流阀阀塔、阀冷设备安装开始前，阀供货商应参与阀厅、阀冷设备间的验收和工作环境评测，确认是否满足换流阀及阀冷设备的施工要求。阀厅顶部主光纤桥架应安装到位，并在阀供货商参与下完成安装质量检验，转弯半径满足应要求，不得有毛刺和尖角。阀厅顶部钢梁结构应完成彻底清扫和清洁，不能有遗漏的金属件、工具等杂物，以防在后期换流阀施工过程中掉落造成事故。阀厅内部标准化无尘布置如图 3-7 所示。

（3）阀塔吊装作业应使用升降平台车进行，升降平台应为厂家提供的高空升降平台（型号：PB S320-18 ES4x4 剪叉式高空升降平台，其最大工作高度 32.14m，最大平台容量为 750kg，约为 10 人）；阀厅顶部悬吊钢梁位置大致为 30m，升降平台的工作高度应满足能达到阀厅顶部悬吊钢梁位置。操作阀厅作业车应指定专人驾驶，经培训后方可操作，严禁非指定人员私自驾驶及操作阀厅作业车。

图 3-7 阀厅内部标准化无尘布置

（4）阀塔吊装前，悬吊钢梁上的安装孔应已按照图纸定位要求打好，内冷系统主水管及主光纤桥架应已安装到位，且在阀塔吊装过程中，禁止在工作范围上方钢梁处进行任何施工作业，尤其是焊接作业。

（5）吊装设备前应确认吊装设备（如电动葫芦、吊带、吊绳和吊环等起重能力及产品自重），禁止盲目作业。对于电动葫芦的使用，需详细阅读使用说明书，应按照使用说明书的规定进行操作。

3. "3.2 场地准备"

（1）阀塔安装前，阀厅内暖通空调系统及照明系统应正常投运。阀厅内光线充足应保持微正压，其中温度要求控制在15～25℃范围之内，相对湿度要求不大于60%，阀厅地面、墙面引出线应无灰尘，四周无爆炸危险、无腐蚀性气体及导电尘埃、无严重霉菌、无剧烈振动冲击源。有防尘及防静电措施。阀厅应干净整洁。设置视频监控、温湿度监控在线显示系统如图3-8所示。

图3-8　设置视频监控、温湿度监控在线显示系统

（2）换流阀安装时清洁度要求特别严格，施工前应对阀厅布置进行详细策划，并且绘制阀厅施工平面布置图（见图3-9）。

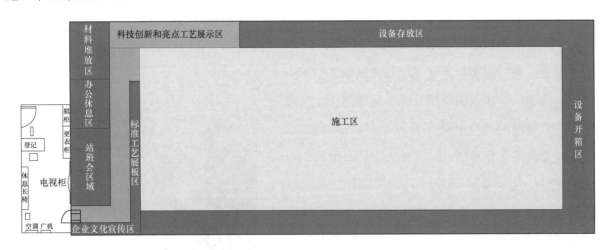

图3-9　阀厅施工平面布置图

4. "4.1.2 换流阀安装施工流程图"

应编制详细的换流阀安装施工流程图（见图3-10），严格按照施工流程图进行施工。

5. "4.1.3 阀塔顶部悬挂支架安装"

阀塔顶部悬挂支架包括主水管直段吊装架主水管斜段吊装架。该支架的结构比较复杂，安装时需与图纸认真进行核对。

6. "4.1.4 阀塔顶部光纤桥架"

所有的光纤桥架通道内都应保证没有尖角和毛刺，阀塔顶部光纤桥架与阀厅顶部主光纤桥架的安装工艺参考图纸。

7. "4.1.6 阀塔顶部冷却水管和阀支架"

安装阀塔冷却管路前，应完成阀厅的进出水主管的清洗工作，且将其端口封堵以确保管路内部清洁。

8. "4.1.8 阀塔顶部屏蔽罩"

当屏蔽罩组件升到空中后会产生晃动，给安装带来难度。顶屏蔽罩安装完毕后，应注意电动葫芦吊索与顶屏蔽罩之间的间距，避免吊索刮擦屏蔽罩壳体。

9. "4.1.9 阀模块"

（1）同一层间应选择所需垫片厚度相同的绝缘子。安装绝缘子前，根据绝缘子上所记录的厚度配置相应的 W 型调整垫。对于第一层阀模块，调整垫放置在第一层阀模块铝合金横梁上表面与上吊耳之间，其他阀层的调整垫则放置在阀模块铝合金横梁下表面与下方吊耳之间。

（2）利用阀模块吊具起吊阀模块，将已经安装好绝缘子的阀模块吊至合适高度，与顶屏蔽罩下方已安装好的层间绝缘子相连，打完力矩后用记号笔标记。

对于其他层阀模块，则将阀模块起吊至适当高度，与上层阀模块下方的层间绝缘子相连，打完力矩后用记号笔标记。阀塔主体吊装过程如图 3-11 所示。

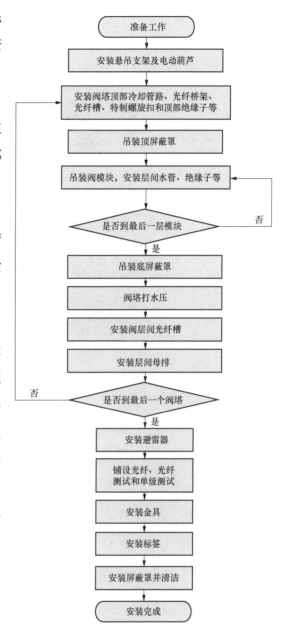

图 3-10　换流阀安装施工流程图

图 3-11　阀塔主体吊装过程

10. "4.1.10 层间水管"

安装 PVDF 水管时，上紧螺栓前应确保密封垫片与法兰盘完全对中，螺栓必须对角分三次上紧到规定力矩。层间水管上下法兰盘和绝缘拉杆安装完后，通过调整绝缘拉杆锁紧螺母，以保证层间水管水平段管略微受力。阀塔内部元器件结构如图 3-12 所示。

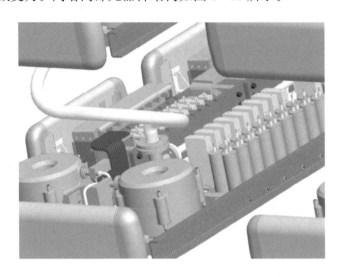

图 3-12 阀塔内部元器件结构

11. "4.1.11 底屏蔽罩"

屏蔽罩安装完毕后，可能在阀塔内或者阀厅顶部钢梁上进行其他作业，为避免不明物体落入底屏蔽罩，尤其是工具、螺栓、螺母等，不利于取出，建议在底屏蔽罩安装完毕后，用塑料布包裹底屏蔽罩。

12. "4.1.12 阀塔水压试验"

阀塔的所有水路连接好后，进行阀塔水压试验，检验水冷系统的安装阀质量。

13. "4.1.13 阀层间光纤槽"

阀塔有两个角需要安装检漏计光纤的光纤槽，安装位置与底屏蔽罩内的光纤槽支撑角件对应。

14. "4.1.14 层间母排"

层间母排全部安装完成后，要求测量所有接触面的接触电阻，如接触电阻大于超过 $2\mu\Omega$，应重新对接触面进行处理。

15. "4.1.17 光纤铺设"

（1）在铺设光纤前应对光纤进行检测，确保光纤完好，并记录损坏光纤编号。

（2）光纤铺设完毕，并完成光纤损耗测试和 VTE 测试后，所有备用光纤接头都要进行电位固定。阀模块内的备用光纤固定在门极单元的备用光纤托盘内，VTE 测试备用光纤固定在顶屏蔽罩底座的光纤托盘内，避雷器备用光纤固定在避雷器上。

16. "4.2.2 阀冷设备安装施工流程图"

阀冷设备安装施工流程图如图 3-13 所示。

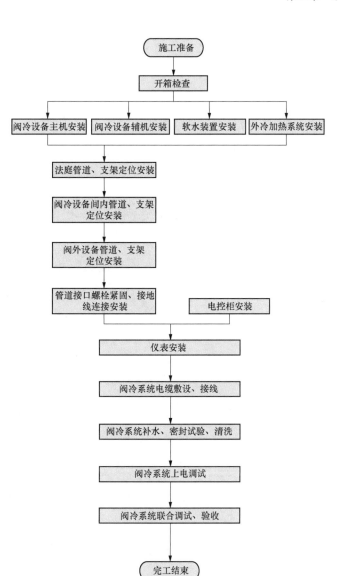

图 3-13 阀冷设备安装施工流程图

17. "4.2.4 阀内水冷、外风冷设备安装"

（1）设备安装的前后方向与实际安装方向要一致，吊车起吊吨位满足设备总重量要求，并进行受力计算。

（2）管道安装完毕后，应按照工艺文件打力矩，最后一步打力矩时螺栓应用记号笔划线，并将所有管路支架满焊。

18. "4.2.5 支架、管道定位与安装"

管道法兰对接后，应将螺栓朝向同一个方向安装，并进行螺栓预紧。管道每连接一根完成后，需使用手电筒仔细检查管路内部清洁转态并做好记录（拍照归档，并登记管路安装检查记录表）。

19. "4.2.7 阀冷系统补水、试压"

内冷水注水过程，每个阀塔上应安排人员监视有无漏水现象，应有漏水应急措施防止水渗到晶闸管本体、电抗器本体或其他设备上。充水过程管道系统放气，循环水并分离气体直到晶闸阀完全注满水。阀冷系统压力试验以纯净水为介质，对管道逐一进行加压，以检查管道强度及密封性。比如系统设计压力为1.2MPa，测试压力为1.6MPa。合格后通知监理、业主、阀厂家等相关单位签字验收。

20. "4.2.8 阀冷系统冲洗"

安装完成后，为了确保阀冷系统洁净，在与阀体对接之前，必须对阀冷系统进行循环冲洗合格后通知监理、业主、阀厂家等相关单位签字验收。

21. "4.2.10 阀冷系统试验"

包含绝缘试验、气密性试验、水密性试验、自控试验、通信试验、试运行试验等。

22. "5.1 人员组织计划"

所有特种作业人员需持证上岗，所有施工人员在安装前进行集中培训、相关施工项目的强化培训、技术交底及危险点告知。在对施工环境、施工任务、质量及安全控制要点清楚的情况下才允许施工。

23. "6.1 质量控制要点及措施"

（1）到达现场后，按照厂家技术资料的要求条件存放电抗器模块和可控硅模块。特别是要求室内存放的，并且保证环境，如温度和湿度要求，在存放地点设置温度计和干湿度计以监视温度和湿度。

（2）主通流回路的金具/设备连接点均需进行直阻测试，并记录数据，并与质量标准进行比较，对测试结果进行判断，对不符要求的连接点进行整改，并形成相关记录。

24. "7.1 施工安全控制措施"

升降平台操作应由专人操作，操作人员需经专业培训。升降平台及吊装平台需限制操作人数，严禁超载。

三、 现场实施与监督要点

1. 换流阀电抗器模块和可控硅模块安装

（1）电抗器模块和可控硅模块到达现场后应按照厂家技术资料的要求条件存放。特别是要求室内存放的，应保证环境，如温度和湿度要求，设备转运应采用自带液压系统的转运小车，避免模块转运时剧烈的震动和碰撞。

（2）模块在安装前拆箱，模块的保护塑料膜应在吊装时边拆边吊装。

（3）在可控硅模块安装时，应确保阀厅的通风系统和空调系统正常运转，阀厅争取作到无尘，温度控制在阀厅温度10～55℃。相对湿度必需小于60%，如果阀厅湿度在60%～85%之间，可控硅必须在相对湿度小于60%的情况下干燥100h以上。模块吊装时支撑附件安装细心谨慎，防止敲击到模块的任一部分。

（4）螺栓连接紧固适当，应按照设备的紧固力矩要求，严禁用力过猛紧固螺栓而使螺母陷进支柱或设备里面，损坏设备。

2. 阀厅接地开关安装调整

（1）安装前应核对设备支架与设备安装孔距应相符。

（2）应先进行调整接地开关支持瓷瓶的垂直度，确保单相各瓷瓶的中心线在同一垂直面上，三相间误差在允许范围内。

（3）应单相调整达到要求后，在进行三相连杆的连接和调整三相同期。

（4）应检查操作机构的性能，操作机构安装牢固，同一轴线上的操作机构安装位置一致。

（5）在电动操作前，接地开关调整应分合无卡塞，机械闭锁可靠，应先进行多次手动分、合闸，机构动作应正常。

（6）接地开关的分合闸位置、开距、同期动静触头的相对位置，地刀的开距、触头插入深度应满足产品技术要求值。

（7）机械闭锁应可靠。

3. 接地系统安装

（1）采用电弧搭接焊时，搭接面应连接牢靠，其相关尺寸及防腐处理应符合规范要求。

（2）采用放热焊接后的工艺质量及检验情况应符合规范要求。

（3）接地排（线）的制作安装应符合规范要求，工艺要做到同类型设备的接地美观一致、整齐划一。

（4）隐蔽工程务必配合监理及时做好中间验收及签证工作。

4. 管道安装

（1）管道安装前应仔细核对管道开孔的位置及尺寸。

（2）在设备就位过程中，应保持设备管口密封完好，带设备定位并开始安装管道时方可拆卸密封，一切与冷却水接触的管道和设备部件等严禁使用焊接，管道安装应避免碰撞、挤压、敲打、刮伤等。

（3）冷却水室内管道安装宜从阀厅内与换流阀对接的管道开始，逐步向阀组冷却设备室进行，室外管道安装则宜从主机侧开始，逐步向外冷冷却塔进行。每件管段拥有自身编号及方向，安装时需严格按照管道施工图中的编号一一拼接。

（4）各种管道连接应密封可靠，装置与钢瓶的接口配合可靠。

（5）托臂及管码安装应就位合理，焊接及螺栓连接紧固无松动。

（6）管道连接舒展无位移应力，管道外部无可见损伤，内部保持洁净无污染。

（7）管道法兰连接应与管道同心，法兰间应保持平行，其偏差不得大于法兰外径的 1.5‰，且不得大于 2mm。不应借法兰螺栓强行连接。

（8）管道的定位尺寸误差不应超过±15mm。

（9）管道的水平偏差不超过 1/1000，铅垂度不应大于 1/1000。

（10）对于管道法兰连接处，要求密封圈位置准确无偏差，螺栓应对称紧固，采用力矩扳手紧固螺栓时的力度应均匀适当，保证所有连接处严密无渗漏。

5. 二次调试

（1）调试人员在调试前已从相关资料熟悉二次回路原理，明白设计意图，了解装置额定值和功能原理。

（2）使用的仪器仪表已经过检验合格，且在使用有效期内。

（3）对照二次原理图，仔细检查二次接线，应无错线、漏线和寄生线。

（4）二次回路和装置绝缘应良好，严格按照调试大纲和反措要求进行调试，调试项目应齐全，无漏项和错项。

（5）保护动作行为和动作信号应正确。

（6）二次电流、电压极性应正确。

6. 通流回路接头端子发热控制

（1）主通流回路的金具、设备连接点应进行直阻测试，并记录数据，并与质量标准进行比较，对测试结果进行判断，对不符要求的连接点进行整改，并形成相关记录。

（2）在设备连接安装前，应使用400目细砂纸打磨去除表面氧化层，用丙酮清洗打磨面，再用干净的白棉布或卫生纸擦拭干净，再进行安装连接。

（3）当螺栓紧固时，应严格按照力矩要求进行紧固，紧固力矩应采用100%标准螺栓紧固力，紧固自检后划线。设备安装期间对出厂前完成力矩紧固连接的部位应按照厂家给出的力矩值进行确认，避免由于连接部位力矩未达到规定值引起运行期间该位置局部发热。

（4）阀厅连接应采用"1螺栓＋1螺母＋2平垫＋2弹垫"。

（5）主通流回路接线端子各个设备的等电位线、螺栓及螺母应做好防腐处理。

（6）电膏涂抹需应均匀，避免涂抹过多结块，并记录涂抹导电膏型号。

第五节 平波电抗器安装施工方案

一、 施工方案推荐目录

1 编制说明

1.1 适用范围

1.2 编制依据

2 概况

2.1 工作内容

2.2 设备的主要技术参数

2.3 施工特点与难点

3 施工进度计划

4 施工准备

4.1　施工人员准备

4.1.1　人员组成

4.1.2　职责分工

4.2　施工技术准备

4.3　施工场地准备

4.3.1　临时电源

4.3.2　安装区域布置

4.4　施工机械、工器具准备

5　施工工艺流程及操作要点

5.1　施工工艺流程图

5.2　基础验收和复测

5.3　设备开箱检查、保管、送检和试验

5.4　支柱绝缘子底座装配

5.5　星型加强结构装配

5.6　平波电抗器底座平台装配

5.7　平波电抗器本体安装

5.8　均压环、接线板和避雷器安装

5.9　防雨帽、防鸟装置等其他附件安装及设备接地

5.10　常规（一般）交接试验

5.11　验收

6　质量控制

6.1　质量控制措施

6.2　质量强制性条文

6.3　质量通病防治措施

6.4　标准工艺应用

7　安全控制

7.1　安全控制措施

7.2　施工安全风险动态识别、评估及预控措施

7.3　安全强制性条文

7.4　文明施工及成品保护

8　环境保护

9　应急预案

10　附件

二、 施工方案编制和审查要点

1. "4 施工准备"

应与设备厂家确认本体吊装的地基承载力要求，包括周围有无影响安装的线缆、沟道、管槽等，并配备相关的检测设备。

2. "5.1 施工工艺流程图"

应明确整个平波电抗器安装流程，不得漏项、缺项，能正确反映施工步骤及逻辑关系，尤其注意并列进行的施工流程。

3. "5.2 基础验收和复测"

（1）基础验收应符合《±800kV 及以下换流站干式平波电抗器施工及验收规范》（GB 50774—2012）、设计及厂家标准。

（2）划线应根据实际安装情况明确基准线；预埋件标高、尺寸应符合《±800kV 换流站直流高压电器施工及验收规范》（Q/GDW 1219—2014）、设计及设备厂家标准。

（3）基础不得形成闭合磁路，并有至少两处接地点，接地也不得形成闭合磁路。

4. "5.3 设备开箱检查、保管、送检和试验"

（1）开箱检查应由业主、监理、物资、厂家、施工等单位参加，开箱过程填写开箱记录。

（2）应明确平波电抗器本体单元冲撞记录仪检查项目和标准。

（3）应明确设备运输时线圈固定方式及安装前检查。

（4）应明确避雷器等试验分工，明确安装前需要完成的交接试验项目。

5. "5.4 支柱绝缘子底座装配"

（1）应根据厂家和设计提供资料，明确底座型式及参数、吊车站位、吊车选择、吊具选择、工况受力计算等。建议附吊车站位图、吊车行进路线，吊车距离电缆沟等基础应保持一定距离，以免损坏。

（2）应注意核查其长度、法兰面的平整度，其误差应满足厂家技术指导的要求。

6. "5.5 星型加强结构装配"

主要应明确是地面组装后整体吊装，还是搭设作业平台，若搭设作业平台应明确搭设方式，是采用脚手架还是利用星型加强平台，并应有相关受力计算，脚手架搭设应符合相关规程规范要求；分节组装，不同层数的加强结构长度、尺寸不同，安装时应加以区分。

7. "5.6 平波电抗器底座平台装配"

安装前需向厂家核实底座平台整体重量，确认其形式、尺寸是否具备与本体一起吊装的条件；地面组装时，要注意避雷器的支撑臂区别于其他支撑臂，应按照图纸示意，注意其安装方向。平波电抗器厂家应提供安装单元就位布置图。

8. "5.7 平波电抗器本体安装"

该部分安装风险最大、难度较高。应详细描述本体形式和参数、吊车选择、吊具选择、专用工装使用情况、吊车站位（需校核吊车支腿与电缆沟的距离）、工况受力计算等，要求附图表，计算需要翔实，附计算过程。

9. "5.8 均压环、接线板和避雷器安装"

应根据图纸提前进行预装配，每层均压环不可通用，且只能与之相匹配的连接板才能安装，安装顺序应由下而上。应与厂家确认避雷器安装方向，是否与地面组装后整体吊装。

10. "5.9 防雨帽、防鸟装置等其他附件安装及设备接地"

（1）应明确防雨帽、防鸟装置等安装顺序，以及吊点选择，安装好后，需用万用表逐个测量均压短环与汇流排把装部位，保证导通，以防悬浮。

（2）应明确设备固定方式及相关安装要求。设备固定要及时，以免由于热胀冷缩而移位。

（3）应明确接地制作前应完成引下线导通试验，应及时完成对应的设备接地安装，需要按照工艺要求保持统一美观，描述现场接地材料、接地件形式，明确安装工艺，各主要单元均需做出要求。

11. "5.10 常规（一般）交接试验"

试验应符合《直流换流站高压直流电气设备交接试验规程》（Q/GDW 111—2004），常规试验需施工单位单独编制方案，特殊交接试验须由承担单位编制试验方案，方案中只列常规（一般）试验项目清单。

12. "5.11 验收"

整体验收与投运前的检查内容，应涉及设备外观、外部连接、设备气压等检查项目。

13. "7.1 安全控制措施"

应考虑在平波电抗器卸货、组装、吊装等全过程中履行安全监护职责。尤其对于高空作业人员、起重作业人员更应该加强安全监护。各施工班组长必须强化安全意识，加强对班组施工人员的安全监护。

14. "7.4 文明施工及成品保护"

应考虑设备引线安装时，平波电抗器线圈的成品保护措施。

15. "8 环境保护"

应合理安排施工顺序和时间，避免噪声大的机具同时使用。缩短设备使用周期。

16. 扩建工程注意事项

（1）在基础验收时，应对一期和本期设备基础沉降数据进行复核。

（2）应强调新安装设备吊装时的安全管控措施。

（3）应注意吊装限高及吊装顺序。

（4）"3. 施工进度计划"应包含停电施工计划。

（5）"4.4 施工机械、工器具准备"中机械、工器具资源投入应满足停电施工计划的要求。

（6）"7.1 安全控制措施"应包括运行站相关安全措施，如防触电、防感应电措施，还应考虑防止包装物漂浮的措施。

三、 现场实施与监督检查要点

（一）主要检查依据

1.《±800kV及以下换流站干式平波电抗器施工及验收规范》（GB 50774—2012）

2.《电气装置安装工程 高压电器施工及验收规范》（GB 50147—2010）

3.《±800kV及以下直流换流站电气装置施工质量检验及评定规程》（DL/T 5233—2010）

4.《±800kV换流站直流高压电器施工及验收规范》（Q/GDW1219—2014）

5.《±800kV直流系统电气设备交接试验》（Q/GDW 1275—2015）

（二）现场实施与监督检查要点

1. 准备工作

方案应已通过报审、完成交底，安装、调试、验收、使用计划符合施工要求。

安装前应确认地基承载力满足设计要求。

施工区临时电源应布置到位，附件存放区应设置完成，应存放于通风、干燥处。

应确认设备基础已完成并通过验收，确认设备基础强度、标高、预埋件尺寸等已满足安装要求。特别注意不能形成闭合磁路，应在设备基础上画出各安装元件的安装定位中心线，要求中心线清晰、明确，安装后不被设备完全覆盖，便于安装时核对。项目质量标准和工程控制见表3-1。

表3-1　　　　　　　　　　　项目质量标准和工程控制

检查项目	质量标准	本工程控制
基础表面平面度误差	不大于±2mm	不大于±2mm
同一基础上的地脚螺栓出芽高度误差	不大于2mm	不大于2mm
绝缘子钢底板平面度	不大于±0.5mm	不大于±0.5mm
绝缘子钢底板平面度误差	不大于±1mm	不大于±1mm
各均压环之间间隙	误差不超过5mm	误差不超过5mm

设备安装前，主接地网应施工完成，至少两处接地引线点，且不能形成闭合磁路，接地引下线导通试验合格。设备的接地应符合设计、产品技术文件和《电气装置安装工程接地装置施工及验收规范》（GB 50169—2006）的规定。

2. 设备进场

检查本体上三维冲撞仪数值应符合产品技术文件要求（不应大于3g），并做好检查记录。

平波电抗器及附件设备应外观无磕碰、划伤现象。

设备在保管期间要求应进行如下检查：针对有防潮要求的附件、线圈等如果超过产品规定的保存时间时，需采取防潮措施。

回路电阻测试仪、绝缘电阻表、力矩扳手等仪器工具应完好，经过检定并在有效期内。

平波电抗器本体等单元运输重量应已明确，选用吊车应满足要求；附件摆放位置应符合方案要求；附件齐全、外观应完好无损；须送检附件应已全部送检并检验合格。

3. 安装过程

吊车支腿应采取有效的防下沉、倾倒措施。空中、地面影响作业范围内吊装摆臂的线缆、沟道、管廊应已拆除或处理；监护人员应已到位，方案中各项安全、质量、技术措施已落实。

质量控制措施为：按照相应验收规范及产品技术文件要求对平波电抗器整体安装情况进行实体及资料验收，应做到资料齐全规范，工艺美观，外观清洁，电抗器本体无裂纹、无污染、油漆无脱落，实体质量满足相应规范要求。

接地引下线及其与主接地网的连接应满足设计要求接地牢固、可靠，并满足《输变电工程建设标准强制性条文实施管理规程》（Q/GDW 10248—2016）。

作业过程中应采取工器具登记制，防止各类工具等异物遗忘在线圈上，对设备安全运行形成隐患，蹬到线圈上面的作业人员要注意清点工具数量，离开设备时认真清点核查，不得在干式平波电抗器上遗留杂物。

设备厂家已装配好的各运输单元在现场组装时，不宜解体检查；如需在现场解体时，应经设备厂家同意，并在设备厂家技术人员指导下进行。

平波电抗器的现场安装应在无风沙、无雨雪、风力小于6级的条件下，并在设备厂家技术人员指导下进行。

吊装线圈本体时应使用厂家提供的专用吊具，并附合格证及受力检验报告。

螺栓型号及材质，应按厂家说明配对使用，每个部位螺栓的连接和紧固应对称均匀用力，其紧固力矩值应符合产品技术文件要求。应使用非磁性螺栓时，不得用其他材质螺栓代替。

所有附件应完好，表面清洁，无磨损，无裂纹，外部绝缘层完好；导电部件镀银状况应良好，表面光滑、无脱落；接触电阻应符合产品技术文件要求。

已用过的密封垫（圈）不得再用；密封槽面应清洁、无划伤，密封垫（圈）应无损伤。

距电抗器中心两倍直径的周边及垂直位置内不得形成金属闭合回路。

平波电抗器设备一次引线端子的镀银部分不得挫磨，接触表面应平整、清洁、无氧化膜及毛刺，并涂以薄层电力复合脂；连接螺栓应齐全，紧固力矩应符合产品技术文件的要求。

4. 投运前检查

螺栓紧固力矩应满足产品技术文件和相关标准要求。

本体接线盒防雨防潮效果应良好，本体电缆防护应良好。

设备接地应已施工完成。

底座支架应可靠接地；外接等电位连接应可靠，标识清晰，并有工程验收记录。

（三）现场实施与监督检查通用要求

（1）设计交底和施工图会检应已进行，提出的问题已解决或不影响设备安装。设计单位应考虑平波电抗器本体吊装时吊臂位置与上层避雷塔导线均压环不冲突。

（2）设备配套的厂家技术资料文件应齐全。

（3）施工方案编审批流程应完成，经专家审查通过，并组织全体安装人员进行交底，施工工作业票已填写。

（4）人员（包括厂家人员）、机具和工器具按施工方案配置齐全，特种设备须经主管部门检验合格，大型（起重）机械已经过保养且经过现场测试。特种作业人员须持证上岗。

（5）设备及附件齐全、外观检查应良好，冲击记录符合要求，安装场地符合要求，文明施工到位，安全措施已布置。

（6）基础应已施工完成，经业主、监理、电气安装单位、土建单位、厂家、设计等验收合格，并完成交接流程，基础预埋件及基础表面平整度、混凝土强度满足要求。

（7）施工临时用电应可靠，容量满足现场要求，电缆保护措施到位。

（8）现场人员应分工明确。

（9）安全措施应满足规程、规范要求。

（10）常规试验数据应满足技术规范要求，并与出厂试验据对比，无异常。

（11）现场施工应严格执行经审批后的施工方案。

第六节　GIS 及 GIL 等安装施工方案

一、 施工方案推荐目录

1 编制说明

1.1 适用范围

1.2 编制依据

2 概况

2.1 工作内容

2.2 设备的主要技术参数

2.3 施工特点与难点

3 施工进度计划

3.1 物资到货计划

3.2 施工进度计划

4 施工准备

4.1 施工人员准备

4.2 施工技术准备

4.3 施工场地准备

4.4 施工机械、工器具准备

4.5 防尘措施

5 施工工艺流程及操作要点

5.1　施工工艺流程图

5.2　基础验收和复测

5.3　设备开箱检查、保管、送检和试验

5.4　断路器就位

5.5　单元对接通用工艺

5.6　移动厂房内部设备单元对接

5.7　分支母线安装

5.8　套管安装

5.9　其他附件安装及设备接地

5.10　抽真空及充注 SF_6 气体

5.11　密封检查及微水检测

5.12　常规（一般）交接试验

5.13　电缆敷设及二次接线

5.14　验收

6　质量控制

6.1　质量控制措施

6.2　质量强制性条文

6.3　质量通病防治措施

6.4　标准工艺应用

6.5　质量管理资料控制

7　安全控制

7.1　安全控制措施

7.2　施工安全风险动态识别、评估及预控措施

7.3　安全强制性条文

7.4　文明施工及成品保护

8　环境保护

8.1　施工产生固体废弃物分类

8.2　固体废弃物控制措施

8.3　专项措施

9　应急预案

9.1　应急组织机构

9.2　应急处置措施

9.3　处置方案

9.4　应急指挥小组职责

9.5 应急救援队伍职责

9.6 救援工作程序

9.7 应急器材

9.8 应急救援联络方式

9.9 应急救援路线图

10 附件

二、 施工方案编制和审查要点

1."2 概况"

扩建工程宜用图示方式明确与运行区域距离，是否满足安全距离要求，明确带电区与工作区界线和围栏布置情况。

2."3 施工进度计划"

(1) 宜增加设备供应计划，直观体现安装前到货保障情况。

(2) 施工进度计划应完善，宜增加横道图，体现安装进度。

3."4 施工准备"

应明确施工人员准备、施工技术准备、施工场地准备、施工机械、工器具准备、防尘措施。

(1) 应与设备厂家确认 GIS 对接安装的环境要求，包括温度、湿度、洁净度，并配备相关的检测设备。

(2) 施工人员准备如下：

1) 应编写现场施工组织机构和施工作业人员配置表，应将厂家现场服务人员纳入施工组织机构中。

2) 应按照现场实际情况，区分不同作业面，每个作业面均应设置工作负责人，配备足够施工人员，明确人员数量和各岗位职责分工，并明确施工单位和设备厂家的分工界面（GIS 分工界面应附附件）。

(3) 施工技术准备：应包括作业前的设计交底及施工图会检、厂家交底、施工方案编审及交底培训等内容。

(4) 施工场地准备如下：

1) 应包括施工场地要求及施工平面布置图，施工平面布置图中应体现设备布置、附件摆放区域、施工电源等。采用移动厂房进行 1000kV GIS 安装的方案应提供移动厂房组装和拆卸区域示意图。

2) 1000kV GIS 区域施工电源应核算移动厂房用电负荷，明确布置图，核算施工电源容量、选择合适的施工电源线规格型号。

(5) 施工机械、工器具准备：应列表示意，标注拟投入的施工机械、工器具的数量与规格型号或主要的技术参数，施工机具配置、规格选择正确，数量满足施工需求。

（6）"防尘措施"应明确外围防尘网或防尘隔板、移动厂房、防尘棚相关配置要求。

4."4.5 防尘措施"

防尘措施主要分如下三层布置。

（1）外围防尘网或防尘隔板。主要作用为防止较大的外界异物进入，将工作区域与非工作区域隔离。可以采用脚手架挂密目网或硬质围栏屏障，建议全封闭。

（2）移动厂房。移动厂房安装是防尘措施的核心，需详细描述厂房尺寸、位置、起吊性能、内部环境参数、密封要求等，其中，移动厂房的安装、拆卸、移动应单独编制方案，方案应提供钢结构吊重、吊点设置、吊车选择等内容，同时必须包括防火、防风等相关的安全措施。移动厂房安装完毕后若涉及特种设备须经当地特种设备管理部门验收后方可投入使用。

（3）防尘棚。分支母线应用防尘棚在室外安装，需配置足量不同尺寸通用防尘棚，明确防尘篷尺寸、用途、密封措施、使用方法，棚内配置相应的除湿、照明、电源等设施满足安装环境要求。

5."5.1 施工工艺流程图"

应明确整个 GIS 安装流程，不得漏项、缺项，能正确反映施工步骤及逻辑关系，尤其注意并列进行的施工流程。

6."5.2 基础验收和复测"

（1）基础验收要符合《1000kV 高压电器（GIS、HGIS、隔离开关、避雷器）施工及验收规范》（GB 50836—2013）、设计及厂家标准。

（2）划线应根据实际安装情况明确基准线；预埋件标高、尺寸要符合国标《1000kV 高压电器（GIS、HGIS、隔离开关、避雷器）施工及验收规范》（GB 50836—2013）、设计及设备厂家标准。

7."5.3 设备开箱检查、保管、送检和试验"

（1）开箱检查需要由业主、监理、物资、厂家、施工等单位参加，开箱过程填写开箱记录。

（2）明确断路器、套管等单元冲撞记录仪检查项目和标准。

（3）明确设备运输时气体种类及安装前检查。

（4）明确 SF_6 存储方式和抽检标准，SF_6 气体送检按照《1000kV 系统电气装置安装工程电气设备交接试验标准》（GB/T 50832—2013）执行。

（5）明确电压互感器、电流互感器、避雷器等试验分工，明确需在安装前完成的交接试验项目。

8."5.4 断路器就位"

（1）根据厂家和设计提供资料，明确断路器型式及参数、吊车站位、吊车选择、吊具选择、工况受力计算等。建议附吊车站位图、吊车行进路线，吊车距离电缆沟等基础应保持一定距离，以免损坏。

（2）注意断路器方位，提前调整方位。

9. "5.5单元对接通用工艺"

主要写通用的GIS安装工艺，可包括GIS筒体内外表面的处理、GIS法兰面对接前的处理、绝缘盆子表面的处理、导电杆镀银表面的处理、导体非镀银表面的处理、密封圈的处理及使用、法兰对接安装、伸缩节装配与调整（调整要求由GIS设备厂家提供）、吸附剂的安装、螺栓紧固等，须明确各阶段临时可拆卸式母线的施工内容。

10. "5.6移动厂房内部设备单元对接"

（1）需明确移动厂房使用职责分工、操作注意事项、人员进出管理、设备管理细则。

（2）建议以一个完整间隔为例，详细描述安装对接过程。通用流程（例如导体清理、法兰清理等）可在之前统一描述，亦可在此简述。具体单元安装内容根据厂家说明书编制，要求涉及一个完整间隔的所有单元，且每个步骤都详细、有针对性。

（3）GIS厂家应提供安装单元预就位布置图。

11. "5.7分支母线安装"

分支母线在移动厂房外部利用防尘棚进行安装。具体单元安装内容根据厂家说明书编制，要求每个步骤详细，有针对性。

12. "5.8套管安装"

该部分安装风险最大，难度较高。需要详细描述套管型式和参数、吊车选择、吊具选择、专用工装使用情况、吊车站位（需校核吊车支腿与电缆沟的距离）、工况受力计算等，要求附图表，计算需要翔实，附计算过程。

13. "5.9其他附件安装及设备接地"

（1）明确设备固定方式及相关安装要求。设备固定要及时，以免由于热胀冷缩而移位。

（2）明确接地制作前应完成引下线导通试验，抽真空前应完成对应的设备接地安装，需要按照工艺要求保持统一美观，描述现场接地材料、接地件形式，明确安装工艺，各主要单元均需做出要求。

（3）应明确设备是化学锚栓装配还是预埋件焊接装配。

14. "5.10抽真空及充注SF_6气体"

主要描述充注SF_6气体工作要求，抽真空、注气步骤应符合规程和产品技术文件要求。

（1）抽真空工艺需满足厂家工艺标准，真空度满足厂家及规范要求。

（2）充气额定压力应控制在厂家规定压力内，特别注意相邻气室间气压差应满足厂家要求。

（3）冬季施工需增加气瓶加热相关措施。

15. "5.12常规（一般）交接试验"

（1）试验符合《1000kV系统电气装置安装工程电气设备交接试验标准》（GB/T 50832—2013），常规试验需施工单位单独编制方案，特殊交接试验须由承担单位编制试验方案，方案中只列常规（一般）试验项目清单。

（2）应按照要求确认是否在安装前对TA单元进行试验。

（3）应明确回路电阻测试流程。

16. "5.13 电缆敷设及二次接线"

该部分须注意检查电缆结构是否符合要求，电缆槽盒满足工艺要求，二次接线符合规范要求。

17. "5.14 验收"

整体验收与投运前的检查内容，涉及设备外观、外部连接、设备气压等检查项目。

18. "7.1 安全控制措施"

应考虑 GIS 大板基础内电缆沟防人员坠落的安全措施。

19. "7.4 文明施工及成品保护"

应考虑设备引线安装时，套管的成品保护措施。

20. "8. 环境保护"

SF_6 气体禁止直接排放，应通过 SF_6 气体回收装置进行回收。

21. 扩建工程注意要点

（1）在基础验收时，需对一期和本期大板基础沉降数据进行复核。

（2）应强调新安装母线与一期母线对接时的安全管控措施。

（3）应注意吊装限高及吊装顺序。

（4）"3. 施工进度计划"应包含停电施工计划。

（5）"4.4 施工机械、工器具准备"中机械、工器具资源投入应满足停电施工计划的要求。应根据改扩建时回收 SF_6 气体的数量和回收方式，选取 SF_6 气体回收装置。

（6）"7.1 安全控制措施"应包括运行站相关安全措施，如防触电、防感应电措施，还应考虑防止包装物漂浮的措施。

三、 现场实施与监督检查要点

（一）主要检查依据

1.《1000kV 高压电器（GIS、HGIS、隔离开关、避雷器）施工及验收规范》（GB 50836—2013）

2.《1000kV 系统电气装置安装工程电气设备交接试验标准》（GB/T 50832—2013）

3.《电气装置安装工程接地装置施工及验收规范》（GB 50169—2006）

4.《1000kV 气体绝缘金属封闭开关设备施工工艺导则》（Q/GDW 199—2008）

5.《1100kV 气体绝缘金属封闭开关设备》（GB/T 24836—2018）

6.《1000kV 变电站电气设备施工质量检验及评定规程》（Q/GDW 10189—2017）

7.《1000kV GIS 设备移动式车间验收规范》（Q/GDW 11907—2018）

（二）现场实施与监督检查要点

1. 准备工作

GIS 安装移动厂房组装和拆卸方案已通过报审，安装、调试、验收、使用计划符合施工要求。

推荐在作业区域设置全封闭外围防尘网或防尘隔板，如现场不具备条件，应按设备到货进度设置局部的外围防尘网或防尘隔板。GIS施工区域围护如图3-14所示。

图3-14 GIS施工区域围护

安装前应确认防尘棚所需材料已准备齐全。

施工区临时电源布置到位，SF₆气瓶存放区设置完成，GIS导体等附件应存放于户内、干燥的材料库中。

确认设备基础已完成并通过验收，确认设备基础强度、标高等已满足安装要求。应在设备基础上画出各安装元件的安装定位中心线，要求中心线清晰、明确，安装后不被设备完全覆盖，便于安装时核对。

设备安装前，主接地网应施工完成，接地引下线导通试验合格。设备的接地应符合设计、产品技术文件、《电气装置安装工程接地装置施工及验收规范》（GB 50169—2016）和《1000kV变电站接地技术规范》（Q/GDW 10278—2021）的规定。

大板基础内的电缆支架的焊接安装工作或钻孔打膨胀螺栓工作，宜在GIS对接安装前完成。

2. 设备进场

检查充气运输的GIS断路器压力值应符合产品技术文件要求，并做好检查记录，其他单元应保持微正压；冲击记录值满足要求（不应大于3g）。

GIS设备外观无磕碰、划伤现象。

设备在保管期间要求进行如下检查：对充气运输的单元定期进行压力检查，当压力值小于厂家运输规定时，需补气到厂家规定值或按厂方要求采取措施；针对有防潮要求的附件、套管如果超过产品规定的保存时间时，需采取防潮措施。

SF₆气体应有出厂试验报告及合格证明文件。SF₆气体抽样比例应按"SF₆气体抽样比例表（见表3-2）"进行全分析检验，进口新气验收应遵照产品技术文件要求执行（GB 50836—2013要求）。

表 3-2 SF_6 气体抽样比例表

每批气瓶数	选取的最少气瓶数
1	1
2～40	2
41～70	3
71 以上	4

检验结果有一项不符合"SF_6 气体技术条件表（见表 3-3）"要求时，则应以两倍量气瓶数重新抽样进行复验；复验结果即使有一项指标不符合要求，整批产品也不得通过验收。每瓶 SF_6 气体应做含水量检验（GB 50836—2013 要求），纯度检测量为总气瓶量的十分之一（GB/T 50832—2013 要求），并出具试验报告。

表 3-3 SF_6 气体技术条件表

指标项目		指标
六氟化硫（SF_6）的质量分数（%）		≥99.9
空气的质量分数（%）		≤0.04
四氟化碳的质量分数（%）		≤0.04
水分	水的质量分数（%）	≤0.0005
	露点（℃）	≤−49.7
酸度（以 HF 计）的质量分数（%）		≤0.00002
可水解氟化物（以 HF 计）的质量分数（%）		≤0.0004
矿物油的质量分数（%）		≤0.0001
毒性（%）		生物试验无毒

真空机组应装设有电磁逆止阀，宜采用真空泵加机械增压泵形式，极限真空残压宜≤10Pa；干燥空气发生器的气体露点低于−40℃或满足厂方要求；充气设备等施工装备的作业能力满足 GIS 施工要求及厂方要求。

微量水分测试仪、SF_6 气体检漏仪、SF_6 纯度测试仪、含氧量测试仪、回路电阻测试仪、绝缘电阻表、力矩扳手、粉尘测定仪、干湿温度计、真空表等仪器工具完好，经过检定并在有效期内。

1000kV 套管、隔离开关等单元运输重量已明确，选用吊车满足要求；附件摆放位置符合方案要求；附件齐全、外观完好无损；须送检附件已全部送检并检验合格。

3. 安装过程

GIS 对接安装应采取有效的防尘措施。外围防尘网或防尘隔板已设置并加固牢靠；移动厂房已验收具备使用条件，通用防尘棚满足技术文件要求（防尘棚顶部设吊环、配备测尘除湿、电源等装置，地面铺设防尘垫）；进入 GIS 罐体的施工人员应配备专用的防尘服。

质量控制措施为：组装单元装配前零部件已清理检查完成（导体、触头、壳体、法兰、绝缘件等）；单元开盖后应及时用塑料薄膜或专用防尘罩等覆盖罐体端部，减少外部杂质（灰尘、碎屑、潮气）进入对设备造成损害；套管吊装符合《1000kV 气体绝缘金属封闭开关设备施工工艺导则》（Q/GDW 199—2008）标准要求。

设备厂家已装配好的各运输单元在现场组装时，不宜解体检查；如需在现场解体时，应经设备厂家同意，并在设备厂家技术人员指导下进行。

GIS的现场安装应在无风沙、无雨雪、空气相对湿度小于80%的条件下，并在设备厂家技术人员指导下进行。

预充氮气的箱体应先经排氮，然后充露点低于−40℃的干燥空气，且必须检测氧气含量达到19.5%以上时，方可进入。

所有单元的开盖、内检及连接工作应在防尘室内进行，防尘室内及安装单元应按产品要求充入经过滤尘的干燥空气。安装单元在工作间断时应及时封闭并充入经过滤尘的干燥空气，保持微正压。

盆式绝缘子应完好，表面清洁，内接等电位连接应可靠；气室内运输用临时支撑应无位移、无磨损，并拆除；检查设备厂家已装配好母线、母线筒内壁及其他附件表面应平整、无毛刺，涂漆层应完好；导电部件镀银状况应良好，表面光滑、无脱落；连接插件的触头中心应对准插口，不得出现卡阻，插入深度应符合产品技术文件要求；接触电阻应符合产品技术文件要求。

已用过的密封垫（圈）不得再用；密封槽面应清洁、无划伤，密封垫（圈）应无损伤；涂密封脂时，不得使其流入密封垫（圈）内侧而与SF_6气体接触。

应使用热浸镀锌螺栓（厂方有特殊要求时应明确），其连接和紧固应对称均匀用力，其紧固力矩值应符合产品技术文件要求。

在每次内检、安装和试验工作结束后，应清点用具、用品，检查确认无遗留物后方可封盖。

套管的导体插入深度应符合产品技术文件要求。

气体管道的现场加工工艺、曲率半径及支架布置应符合产品技术文件要求，气体配管安装前应清洁内部。

抽真空前确认气体管道及连接部件干净、无油，管道清洁、干燥，应按产品技术文件要求更换吸附剂。

抽真空作业行为应满足相关工艺标准要求及设备制造厂家标准要求（按最高标准的执行）。正常启动真空泵后，应先检查真空泵的转向，待真空度达到产品技术文件规定的真空度要求，再继续抽真空30min，然后关闭设备阀门30min，记录真空度（A），再隔时间5h，读取记录真空度（B），若（B）−（A）值≤133Pa，则认为密封良好，否则应进行检漏处理并重新抽真空至合格为止。每个气室均严格进行负压检漏并做好负压检漏记录。除抽真空检漏外，须开展定量检漏及定性检漏工作。

气体进行密封试验应在充入SF_6气体至额定压力4h后进行包扎，包扎24h后进行泄露值测量。充入SF_6气体至额定压力4h后，可从取样口进行气体纯度检测，纯度应大于97%。

SF_6气体微水检测必须在充气至额定压力48h后进行，测试时空气相对湿度≤85%。

应与厂方确认盆式绝缘子最大压力承受值，明确相邻气室同时进行抽真空、充气工作方法和标准。

　　SF$_6$气体的充注应符合下列要求：气室真空处理工作完成且合格，新 SF$_6$ 气体检测工作已完成且合格。回路电阻测试等常规试验项目已完成且合格。采用专用的充注设备和管道，充气设备及管路应洁净、无水分、无油污；管路连接部分应无渗漏；充注前应排除管路中的空气。当气室已充有 SF$_6$ 气体，且含水量检验合格时，可直接补气。

　　汇控柜柜门应关闭严密，箱体内部应干燥、清洁，并有通风和防潮措施。二次设备安装应符合国家标准《电气装置安装工程盘、柜及二次回路接线施工及验收规范》（GB 50171—2012）、《继电保护及二次回路安装及验收规范》（GB/T 50976—2014）和《电气装置安装工程质量检验及评定规程 第 8 部分：盘、柜及二次回路接线施工质量检验》（DL/T 5161.8—2018）的有关规定。

　　GIS 设备一次引线端子的镀银部分不得挫磨，接触表面应平整、清洁、无氧化膜及毛刺，并涂以薄层电力复合脂；连接螺栓应齐全，紧固力矩应符合产品技术文件的要求。

　　4. 投运前检查

　　螺栓紧固力矩应满足产品技术文件和相关标准要求。

　　本体接线盒防雨防潮效果应良好，本体电缆防护应良好。

　　密度继电器的报警、闭锁定值应符合产品技术文件规定且列表说明，电气回路传动应正确。

　　GIS 及其传动机构的联动应正常、无卡阻现象；分合闸指示正确；辅助开关及电器闭锁动作正确、可靠。

　　设备接地已施工完成；常开、常闭阀门位置正确。

　　厂家应提供伸缩节分布及功能图，并标示压缩量及压缩裕度；伸缩节定位螺帽应按其功能调整至指定位置。

　　GIS 底座、机构箱和爬梯应可靠接地；外接等电位连接应可靠，并标识清晰；内接等电位连接应可靠，并有隐蔽工程验收记录。

第四章　其他特殊施工方案审查要点

第一节　特殊交接试验现场实施方案

一、施工方案推荐目录

1　概述

1.1　试验对象

1.2　试验内容及目的

1.3　试验标准

2　试验准备

2.1　试验接线

2.2　试验程序

2.3　试验估算

2.4　合格标准

2.5　试验装置

2.6　试验前应具备的条件

3　人员组织与配合

3.1　组织措施及分工

3.2　需现场配合的工作

4　试验操作要点

4.1　试验步骤

4.2　抗干扰措施

5　安全措施

5.1　安全控制措施

5.2　夜间作业

6　绿色施工与环保

7　应急预案

8　工期安排

9　附件

二、　施工方案编制和审查要点

1."1 概述"

本章节应简述现场交接试验对象与试验目的，试验所依据的主要法律法规、标准或国家电网公司相关管理文件，以及试验项目等要素。审查重点为对照标准等文件，梳理试验项目是否合适、齐备，是否存在缺项漏项。

2."1.1 试验对象"

"1.1 试验对象"应包括被试品概述、主要技术参数等内容。宜包含被试品铭牌、外观结构、接线原理图等。主要技术参数应列出被试品型号、绝缘等级、生产厂家等关键信息，所列主要技术参数应满足试验方案估算等章节的相关要求。

3."1.2 试验内容及目的"

"1.2 试验内容及目的"应包括特殊交接试验实施项目，并简要描述试验目的与意义。

4."1.3 试验标准"

特殊交接试验应符合《1000kV 系统电气装置安装工程电气设备交接试验标准》（GB/T 50832—2013）、《电气装置安装工程电气设备交接试验标准》（GB 50150—2016）等标准要求。同时还应结合国网相关管理制度文件、工程项目部相关实施规范、以及与厂家签订的订货合同及技术协议等文件综合考量交接试验合格标准。审查重点为核查引用标准适用范围及版本年号，索引标准是否合适。

5."2.1 试验接线"

"2.1 试验接线"应包含试验接线示意图，并给出所用试验设备基本信息。接线图直观展示被试品与试验设备联结方式。审查重点为试验回路接地是否完整，试验接线是否满足试验要求。图 4-1 和图 4-2 分别展示了部分试验的局部放电接线图。

6."2.2 试验程序"

"2.2 试验程序"应描述试验流程，如试验施加电压值、时间及加压步骤。还应包含加压程序所参考的标准、文件及技术协议等。审核重点为结合设备状态及相关标准，检查试验程序选择是否合适。例如试验加压幅值及持续时间是否满足标准要求。图 4-3 为某站 1100kV HGIS 耐压及局部放电试验加压程序示意图，以供参考。

7."2.3 试验估算"

"2.3 试验估算"宜包含电源电流、试验频率、泄漏电流、输出电压等重要参数的估算结果。该章节主要目的为考核试验设备及试验电源的选型是否合适。建议大型试验方案宜包含此章节，以方便审核人员及试验操作人员检查试验过程是否正确。

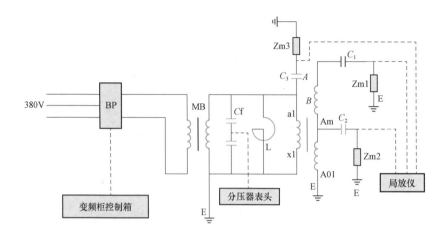

图 4-1　某站 1000kV 主体变长时感应耐压及局部放电接线图

BP—变频柜，450 kW，0～350V；MB—升压变压器，600 kVA，180/0.35kV；B—被试主体变压器；

L—补偿电抗器，两台并联，每台 10H，250kV；C1—高压套管电容；C2—中压套管电容；C3—低压套管电容；

Cf—电容分压器，250kV；Zm1、Zm2、Zm3—检测阻抗

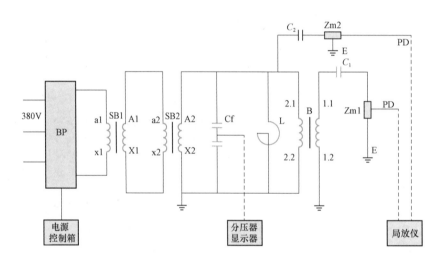

图 4-2　某站换流变压器长时感应电压试验及局部放电测量接线图

BP—变频柜，450 kW，0～350V；SB1—隔离变压器，540 kVA，1200/450 V；SB2—中间变压器，800 kVA，180/1kV；

L—补偿电抗器，13H，220kV；C1—1.1 套管电容；C2—2.1 套管电容；Cf—电容分压器，200kV；Zm1、Zm2—检测阻抗；

PD—局部放电测试仪；B—被试换流变压器（分接位置处于 N 档）

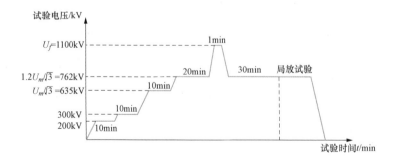

图 4-3　某站 1100kV HGIS 耐压及局部放电试验加压程序示意图

8. "2.4 合格标准"

"2.4 合格标准"应包括试验合格的相关判据。审查重点为核查合格标准特征量是否满足相关标准要求，判据是否完整。同一试验不同设备不同状态，其对照的试验合格标准不同、合格判据不同。审核过程中应对照标准，重点检查合格判据是否正确。

9. "2.5 试验装置"

"2.5 试验装置"应描述主要试验设备及其重要参数，方便审核人员检查试验设备容量、尺寸、主要参数、绝缘等级等信息。测量仪器如分压器、绝缘电阻表等设备宜在方案中给出校准证书编号及有效期。

10. "2.6 试验前应具备的条件"

"2.6 试验前应具备的条件"应包含环境条件、被试品试验前状态等两部分内容。试验前应检查常规试验项目是否齐全，试验结果是否满足标准要求。还应确认被试品档位抽头位置、二次端子连接方式、油位与气体压力等内容。现场特殊交接试验环境要求通常为空气相对湿度不大于80%，被试品温度不低于5℃。部分试验对环境有特殊要求，应针对试验项目具体分析。审查重点为检查条件是否存在缺项漏项。

11. "3.1 组织措施及分工"

"3.1 组织措施及分工"应详述特殊试验实施方组织机构和操作人员配置表。根据各个试验特点，明确作业人员、特种作业人员人数。明确工作负责人、安全监护人、工作人员岗位职责分工。人员名单应明确到人。必要时，人员配置表可根据试验进度增加各工种进场计划。

12. "3.2 需现场配合的工作"

"3.2 需现场配合的工作"应包含试验单位与试验委托方关于电源、起重配合、场地、照明等方面的约定。特殊交接试验往往对电源、起重配合等方面有特殊要求，方案应明确试验单位与其他单位的职责交界面。审查重点为现场配合是否满足特殊试验开展要求。如协调仍无法满足试验开展要求，则应及时调整试验方案。

13. "4.1 试验步骤"

"4.1 试验步骤"简述试验实施流程及各步骤关键点。此章节部分内容与安全及环境因素检查卡、试验异常情况应急预案部分内容有重叠，但各有侧重。"试验步骤"偏重于试验实施流程是否具备可操作性。审查重点应检查实验步骤是否逻辑连续。部分特殊试验对被试品档位、二次接线、接地方式等步骤有明确要求，此章节应对应有所体现。

14. "4.2 抗干扰措施"

"4.2 抗干扰措施"简述测量性试验现场抗干扰技术手段。部分试验如变压器长时感应耐压及局部放电试验对现场噪声干扰较敏感，通常需要采用技术手段排除现场干扰。针对此类别试验，审查应建议增加相关章节内容。其他如耐压等通过性试验可视情况编写。

15. "5 安全措施"

特高压现场特殊试验通常伴随触电、高坠、起重伤害等风险。方案应针对不同风险特点，相应编制保护措施。

16."5.1试验设备布置"

"5.1试验设备布置"应根据前期现场勘察情况，对试验区域、监护人员、安全距离等进行规定。安全距离、标示牌等要求应满足《国家电网公司电力安全工作规程》规定。本章节宜增加设备布置监护简图，以便直观展示试验布置结果，1100kV电抗器外施耐压试验设备布置及监护图如4-4所示。

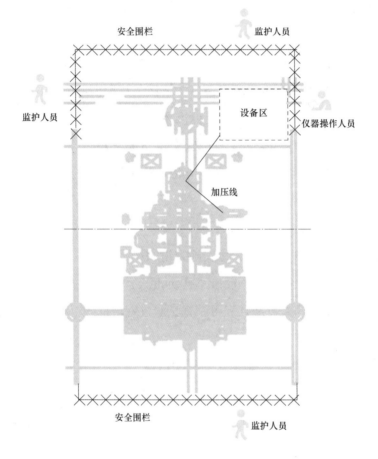

图4-4 1100kV电抗器外施耐压试验设备布置及监护图

17."5.2安全控制措施"

"5.2安全控制措施"应参照《国家电网公司电力安全工作规程》编写。依据试验开展步骤和现场实际情况，详细制定针对触电、高坠、起重伤害、恶劣天气、燃爆等风险的安全防护措施。并编写安全（及环境因素）检查卡、安全技术交底表等附件。审查重点为检查安措是否能有效保证人员、被试品及试验设备的安全，是否存在缺项漏项。

18."5.3夜间作业"

现场特殊试验如有涉及夜间工作，宜增加"夜间作业"章节，相比安全措施其他章节，本章节主要考虑夜间作业在照明、危险点分析、施工防护等方面的差异化条款。

19."6绿色施工与环保"

按照国家环境保护的有关规定编写，制定有针对性的环境保护措施，包括节约用电、节约使用大型机械、垃圾处理、防噪声措施等满足绿色施工要求。试验过程中应注意现场成品保护。

20. "7 应急预案"

"7 应急预案"应包含但不限于试验现象异常、跳闸、突发恶劣天气等情况的应急预案。着重保证人员、被试品及试验设备的安全，制定切实可行的作业计划。审查重点为检查应急预案是否齐备，预案是否具备可操作性。

21. "8 工期安排"

方案宜增加"工期安排"章节，概述现场被试品名称、开工时间、预计用时及工作内容等。试验时间根据现场实际情况修正，实际工作时间根据现场安装进度可做适当调整。

22. "9 附件"

"9 附件"主要包括安全及环境因素检查卡、安全技术交底表、原始记录纸、被试品交接试验表等。

三、现场实施与监督检查要点

（一）主要检查依据

1.《电气装置安装工程电气设备交接试验标准》（GB 50150—2016）

2.《1000kV 系统电气装置安装工程电气设备交接试验标准》（GB/T 50832—2013）

3.《国家电网有限公司关于印发十八项电网重大反事故措施（修订版）》（国家电网设备〔2018〕979 号）

4.《国家电网公司二十一项直流反事故措施及释义》

5.《国家电网公司电力安全工作规程变电部分》（Q/GDW 11957.1—2020）

（二）现场实施与监督检查要点

（1）交接试验报告项目齐全，试验结果满足电气装置安装工程电气设备交接试验规程要求。

（2）电力变压器局部放电试验尽量采用独立电源；局部放电测量仪的 220V 电源前端增加隔离变压器；防止从地线回路串入干扰；避免各测量阻抗及其测量仪器的多点接地，采用绝缘软铜接地线"辐射型"接地方式。变压器顶部应无杂物。对于试验过程中，出现的异常信号，应进行分析确认，重点观察脉冲特征（极性和振荡），以及闪现的不同传递比的放电脉冲。

（3）电力变压器局部放电试验试验程序、试验电压和持续时间按《电力变压器 第 3 部分：绝缘水平、绝缘试验和外绝缘空气间隙》（GB/T 1094.3—2017）的规定进行。试验 24h 后取本体油样开展油色谱分析，确保色谱无异常。

（4）高压并联电抗器耐压试验电压为 80% 中性点绝缘水平，持续时间 60s。

（5）组合电器交流耐压试验的同时进行局部放电检测，交流耐压值应为出厂值的 100%。有条件时还应进行冲击耐压试验。现场耐压试验和全站带电试验时应装设超声放电故障定位装置，并应确保传感器数量满足放电定位需要。发生放电时，应查找放电点，分析放电原因，处理完成后方可恢复试验。

（6）若金属氧化物避雷器、电磁式电压互感器与母线之间连接有隔离开关，在组合电气工频耐压试验前进行老练试验时，可将隔离开关合上，加额定电压检查电磁式电压互感器的变比以及金属氧化物避雷器阻性电流和全电流。

（7）特殊试验前，应对聚合电器所有断路器隔室进行 SF$_6$ 气体纯度检测，其他隔室可进行抽测；对于使用 SF$_6$ 混合气体的设备，应测量混合气体的比例。

（8）对交接试验报告中存在疑问的试验数据，应进行现场复测。

第二节　分阶段启动安全隔离措施方案

一、施工方案推荐目录

1　总则

1.1　编制目的

1.2　编制依据

1.3　实施要求

2　带电范围

2.1　交流场一次设备带电范围

2.2　交流场二次设备带电范围

2.3　滤波器场一次设备带电范围

2.4　滤波器场二次设备带电范围

2.5　换流变压器区一次设备带电范围

2.6　换流变压器区二次设备带电范围

2.7　直流场区一次设备带电范围

2.8　直流场区二次设备带电范围

2.9　公用部分设备带电范围

3　隔离形式

3.1　一次设备隔离形式

3.2　二次设备隔离形式

4　一次隔离措施

4.1　交流出线、换流变压器等

4.2　现场带电区域安全隔离围栏

5　二次隔离措施

5.1　第一阶段：交流线路接入换流站及站系统试验

5.2　第二阶段：交流线路投切及带负荷试验

5.3　第三阶段：其他试验

6　软件隔离措施

6.1　软件置数概述

6.2　交流场区域置数说明

6.3　主变压器区域置数说明

6.4　交流滤波器区域置数说明

6.5　换流变压器区域置数说明

6.6　直流场区域置数说明

6.7　站用电区域置数说明

6.8　检查表

6.9　注意事项

7　安全控制

7.1　安全控制措施

7.2　施工安全风险动态识别、评估及预控措施

7.3　安全强制性条文

7.4　文明施工及成品保护

8　环境保护

9　应急预案

10　附件 隔离措施表

二、 施工方案编制和审查要点

1.“2.1 交流场一次设备带电范围”

(1) 应按照电压等级从高到低的顺序，对交流场全部一次设备的运行情况进行明确描述。

(2) 描述中的间隔名称应采用“基建名称＋运行编号”双重命名。

(3) 应绘制交流场一次设备带电示意图，宜在一次设备主接线图或平面布置图中采用红框线的方式，对带电部位与不带电部分明确区分标识。

2.“2.2 交流场二次设备带电范围”

(1) 应明确交流场全部二次设备的运行情况。

(2) 应采用表格的形式将需投运的交流场二次设备列出清单，并包含屏位、屏眉名称等信息。

3.“2.9 公用部分设备带电范围”

(1) 应详细描述站用电设备运行范围。

(2) 应采用表格的形式将需投运的公用二次设备列出清单，并包含屏位、屏眉名称等信息，包括且不限于一体化电源、火灾报警、消防、监控、通信等相关二次设备。

4.“3.1 一次设备隔离形式”

(1) 依据启动方案需要隔离的一次设备，应采用拆除连接导线、转检修、转冷备用等方式进行电气隔离，可靠接地并做好防感应电措施。

（2）应在一次设备区的隔离区周围设置硬质围栏。

（3）隔离围栏应不低于1.8m高，各围栏间应使用4mm²的黄绿线进行跨接接地，跨接部分应接触可靠，围栏每隔不大于30m与主地网连接一次。

（4）隔离围栏外侧应设置"止步，高压危险"和"禁止翻越""禁止通行""禁止入内"等标识牌警示牌。

（5）隔离围栏应设置人员进出通道，位置设置合理并上锁，钥匙由专人管理。

5. "3.2 二次安全隔离形式"

（1）带有连片的遥信回路，应打开端子连片，并使用绝缘胶带覆盖内侧带电端子。

（2）需要隔离的交直流电源空开，应拉开电源空开并使用绝缘胶带等方式固定可靠。

（3）需要隔离的电压二次端子，应拉开电压空开并打开相应端子连片，使用绝缘胶带包裹可靠，电压二次回路禁止短路。

（4）需要隔离的电流二次端子，应打开端子连片并可靠短接接地，电流二次回路禁止开路。

（5）需要隔离的失灵跳闸等控制回路，应在提供电源侧解除相关二次线，并使用绝缘胶带包裹可靠，在空接点侧退出对应硬压板，并使用绝缘胶带固定牢靠。

（6）其他二次回路可参考以上方式进行可靠隔离。

6. "4 一次隔离措施"

（1）应根据分阶段启动方案，编制投运前和投运后一次隔离措施。

（2）应在投运前将本期未接入的交流出线间隔进行隔离，在线路与线路PT间隔处解引隔离，并在线路上挂接地线可靠接地。

（3）应在投运前将换流变压器在GIS出线套管和汇流母线连接处解引隔离，在汇流母线上挂接地线可靠接地。

（4）应在投运前将换流变压器间隔的两台开关间配置短引线保护。

（5）应在投运前核查站用变带电状态，对未投运的站用变冲击前，考虑是否需要腾空站用母线，制定隔离措施。

（6）应在投运前确认融冰刀闸为分闸状态，断开其操作电源和电机电源，在机构箱挂"禁止合闸，有人工作"标示牌，在后台对以上刀闸设置"禁止合闸"光字牌。

（7）应在投运后，根据系统调试方案要求，确认需要转检修状态的交流场一次设备，将相关隔离刀闸作为安措刀闸，断开其操作电源和电机电源，在GIS汇控柜刀闸操作把手上挂"禁止合闸，有人工作"标示牌，并在后台对以上刀闸设置"禁止合闸"光字牌。

（8）应根据隔离方案，在一次设备断面图中绘制需要采取的详细隔离措施。

（9）解除的引线与设备带电距离应满足设计和规范要求，做好防感应电措施。

7. "5 二次隔离措施"

（1）应根据分阶段启动方案，编制投运前和投运后二次隔离措施。

（2）二次隔离措施应与一次隔离措施同步实施。

8．"6 软件隔离措施"

（1）应根据分阶段启动方案，编制投运前软件隔离措施。

（2）软件隔离措施应经系统调试单位、运维单位、监理单位、业主单位审核确认，由自动化设备厂家专业服务人员完成。

三、现场实施与监督检查要点

（一）主要检查依据

1．《输变电工程建设标准强制性条文实施管理规程 第 8 部分：输变电工程安全》（Q/GDW 10248.8—2016）

2．《继电保护及电网安全自动装置检验规程》（DL/T 995—2016）

3．《继电保护及二次回路安装及验收规范》（GB/T 50976—2014）

4．《国家电网公司电力安全工作规程变电部分》（Q/GDW 11957.1—2020）

5．系统调试方案

（二）现场实施与监督检查要点

1．一次隔离措施

（1）投运前，应在投运前将本期未接入的交流出线间隔、换流变压器间隔进行隔离，解引相关导线，并在线路上挂接地线可靠接地。交流出线间隔隔离措施如图 4-5 所示，换流变压器间隔隔离措施如图 4-6 所示。

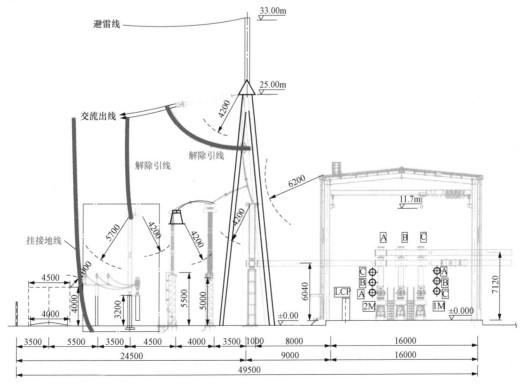

图 4-5 交流出线间隔隔离措施

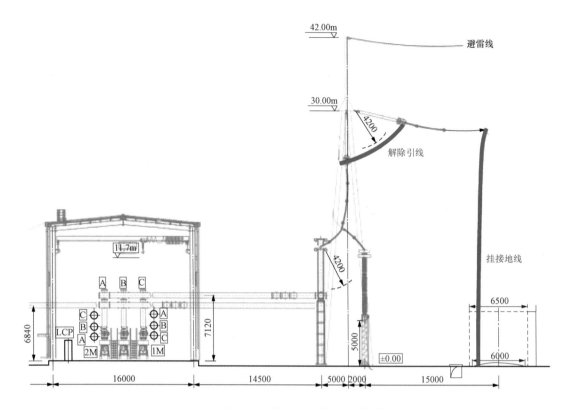

图 4-6 换流变压器间隔隔离措施

（2）一次隔离措施的执行应编制控制表，内容包括且不限于：执行时间、恢复时间、措施执行间隔、措施工作内容、是否执行、是否恢复，以及措施执行负责人员、监护人员、验收人员等内容。

（3）一次隔离措施控制表应作为安全隔离措施方案的附件，500kV 线路一次设备安全隔离措施见表 4-1。

表 4-1　　　　　　　　　　　　　　500kV 线路一次设备安全隔离措施

执行时间：交流系统启动投运前　　　　　　　　　　　　　　　　　　　　　　　　恢复时间：双极投运前

序号	位置	工作内容	执行	恢复
1	极 1 高端 GIS 出线套管	解开 GIS 出线套管与换流变压器汇流母线间引流线		
2		加装换流变压器汇流母线接地线		

电 B 项目部执行人_____日期_____

电 B 项目部恢复人_____日期_____

电 B 项目部监护人_____日期_____

电 B 项目部监护人_____日期_____

运维单位验收人_____日期_____　　运维单位验收人_____日期_____

监理项目部_____日期_____　　监理项目部_____日期_____

业主项目部_____日期_____　　业主项目部_____日期_____

技术监督单位_____日期_____　　技术监督单位_____日期_____

（4）隔离措施执行和恢复时，应提前关注天气情况，大雨、大雾、雷雨、六级及以上大风等恶劣气候，或夜间照明不足，使指挥人员看不清工作地点、操作人员看不清指挥信号时，不得进行吊装作业。

（5）起重机行驶和作业的场地应保持平坦坚实，机身倾斜度不得超过制造厂的规定，其车轮、支腿或履带的前端、外侧与沟、坑边缘的距离不得小于沟、坑深度的 1.2 倍，小于 1.2 倍时应采取防倾倒、防坍塌措施。

（6）吊装工作现场应有警戒标志，禁止无关人员靠近吊车吊装区域。

（7）现场总指挥、起重指挥、吊车操作、登高人员、卷扬机操作人员均应配备对讲机，保证信息同步传递。

2. 二次隔离措施

（1）在二次隔离措施执行前应对不同的二次回路确定隔离标准，可以采用拉开空开并绝缘胶带固定、断开端子排连接片、解除二次线等方式，遥信回路隔离示意图如图 4-7 所示，电压回路和失灵跳闸回路隔离示意图如图 4-8 所示。

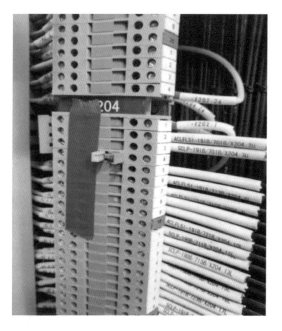

图 4-7　遥信回路隔离示意图

图 4-8　电压回路和失灵跳闸回路隔离示意图

（2）二次隔离措施的执行应编制控制表，内容包括且不限于：执行时间、恢复时间、措施执行屏柜位置、措施执行端子号、措施工作内容、是否执行、是否恢复，以及措施执行负责人员、监护人员、验收人员等内容。

（3）二次隔离措施控制表应作为安全隔离措施方案的附件，500kV线路二次设备安全隔离措施见表4-2。

表4-2　　　　　　　　　　　　　500kV线路二次设备安全隔离措施

序号	位置	端子	工作内容	执行	恢复
1	极Ⅱ高端5053断路器汇控柜 W05.Q3+LCP	TA4：1	划开连片，隔离至极2高端阀组测量接口柜CMI21A A4041/W5.Q3-W104电缆接线		
2		TA4：2	划开连片，隔离至极2高端阀组测量接口柜CMI21A B4041/W5.Q3-W104电缆接线		

电B项目部执行人_____ 日期_____ 电B项目部恢复人_____ 日期_____

电B项目部监护人_____ 日期_____ 电B项目部监护人_____ 日期_____

运维单位验收人_____ 日期_____ 运维单位验收人_____ 日期_____

监理项目部_____ 日期_____ 监理项目部_____ 日期_____

业主项目部_____ 日期_____ 业主项目部_____ 日期_____

技术监督单位_____ 日期_____ 技术监督单位_____ 日期_____

（4）二次隔离措施执行过程中，应采取防触电措施。

（5）应采取措施防止交直流电源短路、接地。

（6）严禁将运行中的电流回路开路或两点及以上接地。

（7）在电压互感器二次回路上工作要防止电压回路断线、短路或接地。

（8）短接电流互感器二次绕组，必须使用短接片或短接线，短路应牢固可靠，严禁用导线缠绕。

（9）等外部电流回路工作完成后应首先采用通电流法检查外部电流回路的完整性，并用摇表测量回路的绝缘应良好。

（10）对拆除的线芯如果是带电的或可能经某一个操作就会带电的应用绝缘胶布包起来。

（11）对拆除的线芯、电缆、临时导线，均应做好固定措施，防止裸露线芯接地或接触其他带电端子、导体。

（12）应采取措施，防止继电保护"三误"事故，即误碰、误整定、误接线。

第三节　变电站扩建工程站内停电施工

一、施工方案推荐目录

1　编制说明

6.2 质量强制性条文

6.3 质量通病防治措施

6.4 标准工艺应用

7 安全控制

7.1 安全控制措施

7.2 施工安全风险动态识别、评估及预控措施

7.3 安全强制性条文

7.4 文明施工及成品保护

8 环境保护

9 应急预案

10 附件

二、 施工方案编制和审查要点

1. "2 概况"

改扩建工程宜用主接线图明确停电设备及范围，用图示方式明确与运行区域距离，是否满足安全距离要求，明确带电区与工作区界线和围栏布置情况。

2. "3 施工进度计划"

（1）宜增加设备供应计划，直观体现停电安装前到货保障情况。

（2）施工进度计划应完善，宜增加横道图，体现安装进度。

（3）施工进度计划重点区分停电前施工部分和停电期间施工部分，对于停电施工部分进度计划宜按天排出每日作业内容。

3. "3.2.1 不停电施工部分进度计划"

（1）应根据现场作业环境及作业内容情况，合理确定不停电施工内容，做好停电前工作安排计划。

（2）根据二次设备情况，确定不停电二次调试范围，做好与运行设备工作界面分割工作安排。

4. "3.2.2 停电施工部分进度计划"

（1）应根据停电计划及作业环境和作业内容情况，合理确定停电施工内容，做好停电施工工作安排计划。

（2）根据不停电二次设备调试情况，确定停电期间二次调试工作，做好新增设备与运行设备接入及调试工作安排。

5. " 4.2 施工技术准备"

（1）完善设计图的交底，图纸会审工作完成。

（2）方案经过公司安全、质量、技术部门的审批，完成公司技术负责人审核并交底。

（3）施工前提前办理工作票，明确施工的区域，人员分工及相关的技术要求。

6. "5.1.3 设备交接试验工艺流程及操作要点"

（1）应明确不停电部分可开展的各类试验项目及范围，不得漏项、缺项，满足《1000kV系统电气装置安装工程电气设备交接试验标准》（GB/T 50832—2013）、《电气装置安装工程电气设备交接试验标准》（GB 50150—2016）要求。

（2）应明确各类试验开展的条件，确保与运行设备安全距离满足要求，能够在不停电情况下开展各类试验，指导现场完成试验工作。

7. "5.1.4 二次调试工艺流程及操作要点"

（1）应明确不停电部分可开展的二次设备调试项目及范围，不得漏项、缺项，满足停电期间工作配合要求。满足《1000kV电力系统继电保护技术导则》（GB/Z 25841—2017）、《继电保护及电网安全自动装置检验条例》、《继电保护及二次回路安装及验收规范》（GB/T 50976—2014）等标准要求。

（2）应明确各类调试开展的条件，确保与运行设备安全隔离措施满足要求，能够在不停电情况下开展所需调试工作。

（3）应明确各类不停电保护装置与运行装置二次回路调试界面分割，确保与运行设备安全隔离措施满足要求。

（4）不停电部分调试工作根据工程实际应包括：各类保护装置、自动化装置、监控后台及各类二次子系统分机或从机等。各类二次子系统业务包括但不限于以下部分：PMU业务从机、电量采集业务从机、故障录波器等。

（5）根据工程进度整体安排，合理确定不停电调试部分验收内容及时间，满足在停电期间开展停电设备调试工作的要求。

8. "5.2.2 停电期间设备交接试验工艺流程及操作要点"

根据停电计划，应明确停电期间开展的各类试验项目、范围及作业计划安排，不得漏项、缺项，满足《1000kV系统电气装置安装工程电气设备交接试验标准》（GB/T 50832—2013）、《电气装置安装工程电气设备交接试验标准》（GB 50150—2016）要求。

9. "5.2.3 二次回路接入已运行设备"

（1）运行设备接入属于接火内容，由运维单位负责，应明确停电期间开展的二次回路接入已运行设备内容，不得漏项、缺项，满足停电期间接入工作要求。满足《1000kV电力系统继电保护技术导则》《继电保护及电网安全自动装置检验条例》（GB/Z 25841—2017）、《继电保护及二次回路安装及验收规范》（GB/T 50976—2014）等标准要求。

（2）应明确二次回路接入已运行设备的安全措施，由运维单位做好相关措施，确保接入运行设备二次回路和已有回路正确性。

10. "5.2.4 二次子系统接入及调试"

（1）运行设备接入属于接火内容，由运维单位负责，应明确停电期间开展的二次子系统接入内容，不得漏项、缺项，满足停电期间接入工作要求。满足《1000kV电力系统继电保护技术导则》（GB/Z 25841—2017）、《继电保护及电网安全自动装置检验条例》《继电保护及二次回路安装及验收规范》（GB/T 50976—2014）等标准要求。

（2）应明确二次子系统接入所需要的各类通道、主站配置等内容，提前做好与主站各专业管理部门沟通对接工作，确保子系统与主站功能正确性。

（3）应明确二次子系统与主站调试所需要的各类检修票等计划，由运行单位提前做好与主站各专业管理部门沟通对接工作，确定与主站联调工作计划，明确基建单位与运维单位职责及工作界面分割。

（4）应明确二次子系统接入时站内及主站运行设备的安全措施、网络完全措施等，由运维单位做好相关措施，确保接入运行设备时二次系统安全。

（5）各类子系统业务包含不限于：站内监控系统、调度数据网、远动104业务主机及备机、远程浏览/告警直传业务主机、PMU业务主机、电量采集业务主机、网络安全监测业务、故障录波业务、保信子站业务等。

11．"5.2.5 停电部分二次设备调试"

（1）应明确停电期间开展的二次设备调试项目及范围，不得漏项、缺项，满足停电期间要求。满足《1000kV电力系统继电保护技术导则》（GB/Z 25841—2017）、《继电保护及电网安全自动装置检验条例》、《继电保护及二次回路安装及验收规范》（GB/T 50976—2014）等标准要求。

（2）应明确各类调试工作开展的条件，确保与运行设备安全隔离措施满足要求。

（3）应明确停电期间所需停用的各类保护装置，确保与运行装置二次回路调试界面分割，明确基建单位与运维单位职责及工作界面分割。

（4）停电部分调试工作根据工程实际应包括：各类保护装置、自动化装置、监控后台及各类二次子系统等。

（5）根据工程进度整体安排，合理确定停电调试部分验收内容及时间，满足在停电期间工作的要求。

12．"7.1 安全控制措施"

（1）明确保护室内的施工区域与相邻运行带电运行屏柜之间的安全措施，防止触及任何运行屏柜。

（2）明确拆装盘、柜等设备时，作业人员要求。拆解盘、柜内二次电缆时，明确所拆电缆确实已退出运行，并在监护人员监护下进行作业。

（3）明确在控制室、保护小室内动用电焊、气焊等明火时，除按规定办理动火工作票外，还应制定完善的防火措施，设置专人监护，配备足够的消防器材，所用的隔离板必须是防火阻燃材料，严禁用木板。

（4）明确电缆洞开孔、电缆穿入、电缆头制作及固定施工时，不能危及屏柜内其他运行电缆和带电端子，开孔处应及时封堵。

（5）明确电缆敷设时不能损害运行电缆，所有至运行屏柜的联络电缆，必须征得运行人员、甲方人同意,做好安措后,并在其监护下方可穿入。

(6)应明确二次调试及接入的安全措施,防止误操作及保护误动作措施已执行并经过复核。

(7)明确基建单位与运维单位安全措施职责及界面,运行屏柜内的二次隔离措施、二次接火、调试均由运维单位负责。

(8)应强调新安装母线与一期母线对接时的安全管控措施。

(9)应注意吊装限高及吊装顺序。

(10)应包括运行站相关安全措施,如防触电、防感应电措施,还应考虑防止包装物漂浮的措施。

13.“7.4 文明施工及成品保护”

应考虑设备安装时,套管的成品保护措施。

14.“8 环境保护”

(1)SF_6气体禁止直接排放,应通过SF_6气体回收装置进行回收。

(2)应根据改扩建时回收SF_6气体的数量和回收方式,选取SF_6气体回收装置。

三、 现场实施与监督检查要点

(一)主要检查依据

1.《1000kV 高压电器(GIS、HGIS、隔离开关、避雷器)施工及验收规范》(GB 50836—2013)

2.《1000kV 系统电气装置安装工程电气设备交接试验标准》(GB/T 50832—2013)

3.《电气装置安装工程接地装置施工及验收规范》(GB 50169—2006)

4.《1000kV 气体绝缘金属封闭开关设备施工工艺导则》(Q/GDW 199—2008)

5.《1000kV 电力系统继电保护技术导则》(GB/Z 25841—2017)

6.《继电保护及电网安全自动装置检验条例》

7.《继电保护及二次回路安装及验收规范》(GB/T 50976—2014)

(二)现场实施与监督检查要点

1. 设备安装

涉及相关主设备安装是否满足临近带电安全距离要求,相关工艺要求参考设备安装专项施工方案以及相关规范要求。

2. 试验及调试过程

工作实施前,组织工作负责人及安全监护人、专业技术人员进行现场检查,分析现场风险点、危险点分析及控制措施。

在试验工作中,安全负责人应负责现场安全检查工作,有权对危及安全的行为进行阻止或停止试验工作。

试验现场周围的试验区域装设围栏网及悬挂“高压危险”的警示牌,安全围栏距离试验设备保证足够的安全距离。

变更接线或试验结束时，应首先断开试验电源、放电，并将升压设备的高压部分放电、短路接地，放电时间不小于5min。

二次回路绝缘检查，用1000V绝缘电阻表对二次回路进行绝缘检查。回路对地电阻和回路之间应大于20 MΩ。

屏柜电源检查，检查屏柜内照明是否正常；检查直流工作电压幅值和极性是否正确；检查直流屏内直流空开名称与对应保护装置屏柜是否一致；检查屏柜内加热器工作是否正常。

屏柜通信检查，检查光纤、网线、总线等通信接线是否正确；任一路通信断开，后台应有报警信息。

针对断路器及隔离开关的每个开关量输出信号，依次进行联调，步骤如下：①分合断路器及隔离开关实际发出信号；②查看变电站监控系统的信号。③查看保护和操作箱的信号。

就地/远方跳、合闸操作。分别投入第一路、第二路操作电源，验证断路器就地/远方跳、合闸操作的正确性。

检查确认同期功能的正确性。检验断路器的同期合闸和无压合闸，在满足相应的合闸方式的条件下，断路器能够正确动作。

检查确认跳闸功能的正确性。投保护出口和断路器跳闸压板，保护装置动作且跳闸，不投保护出口或断路器跳闸压板，保护装置动作且不跳闸。

针对每个接地刀闸，依照相关设计文件，在联锁条件满足/不满足时，分别进行合闸操作或者对照信号表在汇控箱的允许操作两个端子上测量电位是否一致，以验证联锁功能是否正确。

开关量输入输出信号校验。针对保护的每个开关量输入信号，依次进行联调。

跳闸传动试验。用试验仪模拟差动保护、距离保护、零序保护、过电压保护等实际出口动作于相应断路器，看断路器是否正确动作。

通道联调试验。检查保护通道2M接口装置的信号是否正确；检查保护光纤回路的测试是否正确；检查确认保护与线路对端保护配合的正确性；通道联调试验需要在线路保护通道测试正常，对侧站内具备联调条件情况下开展，具体联调时间视情况而定。

电流互感器极性试验。对电流互感器进行极性测试，检查电流互感器极性是否正确，保证满足各类型保护对极性的要求，并使用记录表记录测试结果。

3. 投运前检查

螺栓紧固力矩应满足产品技术文件和相关标准要求。

本体接线盒防雨防潮效果应良好，本体电缆防护应良好。

密度继电器的报警、闭锁定值应符合产品技术文件规定且列表说明，电气回路传动应正确。

GIS及其传动机构的联动应正常、无卡阻现象；分合闸指示正确；辅助开关及电器闭锁动作正确、可靠。

设备接地已施工完成；常开、常闭阀门位置正确。

厂家应提供伸缩节分布及功能图，并标示压缩量及压缩裕度；伸缩节定位螺帽应按其功能调整至指定位置。

GIS 底座、机构箱和爬梯应可靠接地；外接等电位连接应可靠，并标识清晰；内接等电位连接应可靠，并有隐蔽工程验收记录。

待调试的一次、二次设备施工、安装调试完成，安全措施已经拆除，验收合格，具备启动条件，可以投入运行。

所有临时接地措施必须拆除。

试验接线必须牢固可靠，防止 TA 套管末屏取样回路开路和 CVT（PT）回路短路。